Wirtschaftliche Analyse

King Kwabla Lumor

Wirtschaftliche Analyse der hybridisierten Solarenergie-Technologie/Design

Anreize und politische Rahmenbedingungen für erneuerbare Energien

ScienciaScripts

Imprint

Any brand names and product names mentioned in this book are subject to trademark, brand or patent protection and are trademarks or registered trademarks of their respective holders. The use of brand names, product names, common names, trade names, product descriptions etc. even without a particular marking in this work is in no way to be construed to mean that such names may be regarded as unrestricted in respect of trademark and brand protection legislation and could thus be used by anyone.

Cover image: www.ingimage.com

This book is a translation from the original published under ISBN 978-3-659-86184-0.

Publisher:
Sciencia Scripts
is a trademark of
Dodo Books Indian Ocean Ltd. and OmniScriptum S.R.L publishing group

120 High Road, East Finchley, London, N2 9ED, United Kingdom
Str. Armeneasca 28/1, office 1, Chisinau MD-2012, Republic of Moldova, Europe

ISBN: 978-620-8-34608-9

Copyright © King Kwabla Lumor
Copyright © 2024 Dodo Books Indian Ocean Ltd. and OmniScriptum S.R.L publishing group

Ökonomische Analyse der hybriden Solarenergietechnologie/Design
Atlantic International University

Zusammenfassungen

Das Hauptziel dieses Papiers ist es, die wirtschaftlichen Vorteile zu analysieren, die die Länder Afrikas südlich der Sahara (SSA) durch die Aufnahme von PV-Solarenergie in ihren Energiemix als alternative Energiequelle erzielen können. Die Länder der SSA sind mit enormen Ressourcen gesegnet, die zu einem nachhaltigen Wirtschaftswachstum führen können. Die Misswirtschaft dieser Ressourcen hat jedoch dazu geführt, dass über 600 Millionen Bürger ohne Zugang zu Elektrizität leben. Eine erfolgreiche Überwindung der Energiearmut in den afrikanischen Ländern südlich der Sahara besteht darin, die konventionelle Elektrizität durch eine Öko-Zivilisation zu ersetzen, in der die Bürger Verbraucher und Energielandwirte sind, die Energie auf intelligente Weise nutzen und so ein ausgewogenes Verhältnis zwischen wirtschaftlicher Entwicklung, Schaffung von Arbeitsplätzen und nachhaltigem Wirtschaftswachstum herstellen. Diese Öko-Energie ist die Aufnahme der Photovoltaik in den Stromerzeugungsmix, um das bestehende Defizit bei der Stromerzeugung auszugleichen. Solar-PV ist klimafreundlich und reduziert den Klimawandel, der die Regenmuster der SSA-Länder erheblich verändert hat. SSA hat die großartige Chance, den Sprung in die Öko-Zivilisation des 21. Jahrhunderts zu schaffen, indem es nicht in seine veralteten, ineffektiven Versorgungsnetze investiert und diese nachrüstet. Jahrhunderts zu machen, indem sie nicht in veraltete, ineffektive Versorgungsnetze investieren und diese nachrüsten. Idealerweise können die SSA-Länder Größenvorteile erzielen, indem sie in PV-Solarenergie mit dezentraler Netzarchitektur/Mikronetz auf kommunaler Ebene investieren, was die Region bei der künftigen Energieerzeugung, -verteilung und -nutzung in einem ausgewogenen Verhältnis zwischen Wirtschaftswachstum und Natur katapultieren wird.

King Kwabla Lumor, PhD-Kandidat
3/7/2016

Inhaltsübersicht

AKRONYME/ABKÜRZUNGEN 4

Kapitel 1 5

Kapitel 2 7

Kapitel 3 9

Kapitel 4 10

Kapitel 5 12

Kapitel 6 15

Kapitel 7 18

Kapitel 8 20

Kapitel 9 22

Kapitel 10 24

Kapitel 11 25

Kapitel 12 26

Kapitel 13 27

Kapitel 14 29

Kapitel 15 32

Kapitel 16 33

Kapitel 17 34

Kapitel 18 38

Kapitel 19 40

Kapitel 20 41

Kapitel 21 43

Kapitel 22 44

Kapitel 23 45

Kapitel 24 49

Kapitel 25 52

Kapitel 26 53

Kapitel 27 58

Kapitel 28 59

Kapitel 29 60

Kapitel 30 61

Kapitel 31 63

Kapitel 32 64

Kapitel 33 65

Kapitel 34 66

Kapitel 35 68

Kapitel 36 70

Kapitel 37 71

Kapitel 38 73

Kapitel 39 74

Kapitel 40 75

Kapitel 41 77

Kapitel 42 79

Kapitel 43 80

Referenz 83

AKRONYME/ABKÜRZUNGEN

CDM- Clean Development Mechanism

DLG- District Level Grid

DSM- Demand Side Management

ESP -Energy Service Providers

EE -Energy Efficiency

FiT- Feed –in-Tariff

Kw- Kilowatts

Kwh- Kilowatts hour

MHSHS- Micro Hybrid Solar Home Systems

PAYG- Pay –As-You-Go

SE4ALL- Sustainable Energy For All

SSA- Sub-Saharan Africa

UNEP- United Nations Environmental Program

UN- United Nation

VRE- Variable Renewable Energy

Kapitel 1

1.0 Einleitung

In diesem Aufsatz sollen verschiedene Solarenergietechnologien für SSA-Länder untersucht werden, um die Energieversorgung von über 600 Millionen Menschen, die keinen Zugang zu Elektrizität haben, zu verbessern. Es gibt verschiedene Modelle, die von Designern verwendet werden können, um die Kosten für die Kunden durch verschiedene Zahlungsoptionen zu senken. Dieses Papier ist das Ergebnis einer kürzlich durchgeführten Umfrage des akademischen Forschers über mögliche Solaroptionen sowohl für Immobilienentwickler als auch für Privatpersonen mit den besten Zahlungsoptionen und -modellen. Der Wissenschaftler stellt auch rechtliche und politische Maßnahmen für SSA-Länder vor, um Solarenergie für alle erschwinglich zu machen. Die Wasserkraft hat in vielen SSA-Ländern aufgrund veränderter Regenmuster infolge des Klimawandels ihre Erzeugungskapazität verloren.

Nahmmacher et al. (2012) betonten, wie wichtig es für die SSA-Länder ist, Szenarien für das künftige Stromsystem mit einer Vielzahl von numerischen Modellen zu untersuchen. Die Autoren empfehlen reproduzierbare, anwendbare Modelle, die leicht auf Eingangsdaten für alle Arten von Energiesystemmodellen angewendet werden können. Der derzeitige globale Trend geht in Richtung erneuerbare Energien, d. h. Solar-, Wind-, Wasser- und Kernkraftwerke, was die Stromerzeugungskapazität betrifft. In einigen Teilen Afrikas südlich der Sahara ist der Tag jedoch noch nicht angebrochen. Erneuerbare Energien werden als die einzig umweltfreundliche Energie eingestuft. Pursley, G.B. & Wiseman, H.J. (2010) mahnen die Länder in Subsahara-Afrika, sich nicht vollständig von ausländischen fossilen Brennstoffen für die Stromerzeugung abhängig zu machen, da dies mit Risiken für die nationale Sicherheit und negativen Auswirkungen auf die Umwelt verbunden ist, die von solchen Rohstoffindustrien ausgehen. In den SSA-Ländern gab es einige Reaktionen der Regierungen auf Veränderungen, die jedoch durch konkrete politische Initiativen unterstützt werden müssen. Die SSA-Länder müssen sich mit mehreren sentimentalen Fragen zu den geeigneten heilsamen politischen Initiativen auseinandersetzen, um eine umfassende Veränderung der nationalen Energieinfrastruktur zu erreichen.

1.1 Auswirkungen des Klimawandels

Wiseman, Hannah et al. (2011) stellen fest, dass die Einführung erneuerbarer Energien in den SSA-Ländern mit Gesetzen zur Vorhersehbarkeit und Flexibilität bei der Bewältigung der Auswirkungen des Klimawandels durch erneuerbare Projekte einhergeht. Laut Monk, Ashby et al. (2015) wird die Weltbevölkerung bis 2050 voraussichtlich 10 Milliarden Menschen erreichen, was die Einführung von Innovationen in allen Energiesektoren erfordert. Ohne Innovation riskieren die SSA-Länder einen unumkehrbaren Klimawandel, eine nicht nachhaltige Energieversorgung, mangelndes Wirtschaftswachstum und eine Verschärfung der Ungleichheit. Paradoxerweise müssen die SSA-Länder in die Forschung auf tertiärem

Niveau investieren, um die Entwicklung und den Einsatz erneuerbarer Energien zu ermöglichen. Durch den Übergang zur Forschung könnten zahlreiche Arbeitsplätze auf dem Markt für erneuerbare Energien geschaffen werden, wodurch Armut und Energiemangel verringert würden. Ummel, Kevin & Wheeler, David (2008) argumentieren, dass die Unfähigkeit der SSA-Länder, die globalen Emissionen und lokalen Schadstoffe zu regulieren, die Millionen von Bürgern töten, verletzen und ihre Lebensgrundlagen schädigen, die Umsetzung von Kontrollmaßnahmen in den Energiesektoren ihrer Volkswirtschaften erfordert. Diese Prozesse können nur erreicht werden, wenn die Industrieländer ein glaubwürdiges Angebot zur Deckung der Mehrkosten für saubere Technologien machen. Nasr, Nabil (n.d) empfiehlt für die Stromerzeugungs- und -verteilungsnetze der SSA-Länder intelligente und kleinste Netze durch fortschrittliche digitale Technologien für die vollautomatische Fehlererkennung, das Lastmanagement, die Nachfragesteuerung und andere Fragen der Netzverbesserung. Die vollen Vorteile dieser empfohlenen Technologien werden kleine Solardächer, Windenergie, geothermische Brunnen, Brennstoffzellen und Biomassekonverter umfassen. Ummel & Wheeler (2008) schlagen den SSA-Ländern außerdem vor, konzentrierte Solarenergie (CSP) in Betracht zu ziehen, die direktes Sonnenlicht (das in SSA reichlich vorhanden ist) zum Kochen von Wasser und zum Antrieb herkömmlicher Dampfturbinen in den langfristigen Szenarien nutzt.

Kapitel 2

2.1 Gestaltungsgrundsätze für erneuerbare Energien

Nach Sovacool, Benjamin K. (2012) haben die Vereinten Nationen (UN) im Jahr 2012 das Ziel "Nachhaltige Energie für alle" (SE4All) bis zum Jahr 2030 ausgerufen. *Welche Maßnahmen können die am stärksten von Energiearmut betroffenen SSA-Länder ergreifen, um das Defizit auszugleichen, das einen "universellen Zugang zu modernen Energiedienstleistungen, eine Verringerung der globalen Energieintensität um 40 % und eine Erhöhung des Anteils erneuerbarer Energien an der gesamten Primärenergieversorgung um 30 %" erfordert?* Der universelle Zugang zu und die Verbreitung von erneuerbaren Energien wird in den SSA-Ländern als eine große Herausforderung angesehen. In jüngster Zeit hat es zwar Verbesserungen gegeben, die jedoch nicht den Anforderungen der UN entsprechen. Die problematischen Fragen beschäftigen bilaterale und multilaterale Entwicklungsagenturen, die mit der finanziellen Unterstützung zur Beseitigung der Energiearmut in Afrika im Rückstand sind. Diese Art von Unfähigkeit der bilateralen und multilateralen Institutionen, die Länder des südlichen Afrika bei der Beseitigung der Energiearmut zu unterstützen, erhöht die Armutsrate der Menschen durch die Einkommensschaffung der Bürgerinnen und Bürger. Es wird empfohlen, dass bilaterale und multilaterale Organisationen die Beseitigung der Energiearmut als Geschäftsmodell in Betracht ziehen, bei dem Forschungsergebnisse von lokalen interessierten Unternehmen sowohl in bilateralen und multilateralen Ländern als auch von Unternehmen in angeblichen Investitionsländern gefördert werden. Das Modell sollte grundsätzlich die Ergebnisse bewerten, bevor interessierten Unternehmen auf lokaler und internationaler Ebene Investitionsmittel zur Verfügung gestellt werden. Diese Mittel sollten an eine geeignete Institution weitergeleitet werden, die sie für die identifizierbaren Projekte auszahlt.

Das politische Szenario sollte das Vorrecht der lokalen Regierung sein, wenn es um Anreizmechanismen sowohl für Investoren als auch für die an einer Beteiligung interessierten lokalen oder internationalen Unternehmen geht. Die Politik muss sich mit der Technologie und der Innovation des Systems befassen, das den Bürgern zur Verfügung gestellt wird. Die Preisgestaltung muss die Ermäßigung für die Armen und die Reichen in der Gesellschaft gleichermaßen berücksichtigen. Im Idealfall würde eine Deregulierung der Politikumsetzung eine schnelle Projektumsetzung, Kostensenkung und den Zugang zu entlegenen Gebieten von Interesse für die gleichen interessierten Unternehmen ermöglichen.

2.1.1 Gestaltung der Vertriebskanäle

Aus der Sicht von Walsh, Philip R. Dr. und Walters, Ryan (2009) erfordern erneuerbare Energien und ihre wirtschaftliche Realität im Wettbewerb mit kostengünstigeren nicht-erneuerbaren Energiequellen Innovation und Technologie, um den Verbrauch fossiler Brennstoffe wettbewerbsfähig zu reduzieren. Die Komplexität der Technologie und die

Produktvorteile für die Kunden können nur mit einer investorenfreundlichen Politik angegangen werden, die sowohl dem Investor als auch dem Projektträger zugute kommen würde. Eine Politik, die sich mit der Produktqualität befasst, würde sicherlich mehr Kunden anziehen, die sich für den Klimawandel interessieren, der wiederum die Neugier auf die Rentabilität erneuerbarer Energien geweckt hat. Nach (Walsh & Walter 2009) impliziert der Begriff vage Vorstellungen, die sich zweifellos mit der globalen Erwärmung und dem Klima befassen, die auf vielen politischen und geschäftlichen Agenden im Vordergrund stehen. Es gibt jedoch viele Herausforderungen beim Einsatz erneuerbarer Energien, die von Region zu Region unterschiedlich sind, je nach Ökosophie, Kundenverständnis für die Nutzung erneuerbarer Energien, Technologie und Vorteile.

Kapitel 3

3.1 Anreize können Solarenergie fördern

Gwynne, Peter & Frishberg, Manny (2013) stellten fest, dass die Solarenergie auf dem Vormarsch ist; und 2012 erreichte die Welt einen Meilenstein von 100 Gigawatt (GW) Strom direkt von der Sonne. Diese Leistung wurde auf die Einführung von FIT in verschiedenen Ländern zurückgeführt. Im Jahr 2012 wurden weltweit insgesamt 101 GW Solarenergie erzeugt, was ungefähr der jährlichen Energieproduktion von 16 Kohle- oder Kernkraftwerken entspricht. Dies entsprach einer Einsparung von insgesamt 53 Millionen Tonnen Treibhausgasemissionen pro Jahr. Diese Analogie erfordert, dass sich die SSA-Länder stärker auf die Erzeugung von Solarenergie konzentrieren, um die über 600 Millionen Menschen ohne Zugang zu Elektrizität zu unterstützen. Die Erzeugungskapazitäten der einzelnen Länder müssen langfristig strukturiert werden, um eine effektive Bewertung der Treibhausgasemissionen durch den Clean Mechanism Development (CDM) zu ermöglichen. Die SSA-Länder müssen Entwickler und Endverbraucher durch die Bereitstellung kleinerer Anreize ermutigen, was zu einer raschen Zunahme von Photovoltaik-Projekten führen wird.

Kapitel 4

4.1 Warum Solarenergie in SSA-Ländern?

Laut Glennon, Robert & Reeves, Andrew M. (2010) schafft die Solarenergie derzeit viele Arbeitsplätze und liefert Energie für Haushalte, Industrie und Gewerbe. Das Wachstum der Photovoltaik (PV) ist beispiellos, während die traditionellen Formen der Energieversorgung von Atomkraft bis Kohle drastisch konstant geblieben sind. Von 1999 bis 2008 wuchs die Photovoltaik um 347 %, die Zahl der Unternehmen stieg von 136 auf 206, was einem Wachstum von mehr als 50 % entspricht (Glennon & Reeves 2010, S. 93). Angesichts der weltweiten Unterstützung für Solarenergie als emissionsfreie Alternative zu fossilen Brennstoffen sieht die Zukunft der Solarenergie in den SSA-Ländern rosig aus, (Glennon & Reeves 2010, S. 93).

Aus der Sicht von Gwynne, Peter & Frishberg, Manny (2013) hat der Einspeisetarif (FIT) dazu geführt, dass mehrere Unternehmen und Kommunalverwaltungen in Japan in Joint Ventures mit mehreren spanischen Unternehmen Aufdachprojekte durchgeführt haben. Dies macht es für die SSA-Länder ideal, den Energiesektor zu deregulieren, um ausländische Direktinvestitionen im Bereich der erneuerbaren Energien auf Gemeinschaftsbasis anzuziehen.

Im Jahr 2013 hatten die erneuerbaren Energien eine neue Erzeugungskapazität von 81 GW erreicht (UNEP 2014). Die Solarkapazität (PV) stieg von 31 GW im Jahr 2013 bzw. 2012 auf 38 GW, während die Windenergie aufgrund des erwarteten Auslaufens der Produktionssteuergutschrift in den Vereinigten Staaten von 44 GW auf 31 GW im Jahr 2013 bzw. 2012 zurückging. Im Jahr 2013 stieg die weltweite Kapazität an fossilen Brennstoffen um 95 GW, eine peinliche Zahl, die die SSA-Länder im Auge behalten sollten. *Abbildung 4. 1 veranschaulicht die Entwicklung der Kapazität an erneuerbaren Energien.*

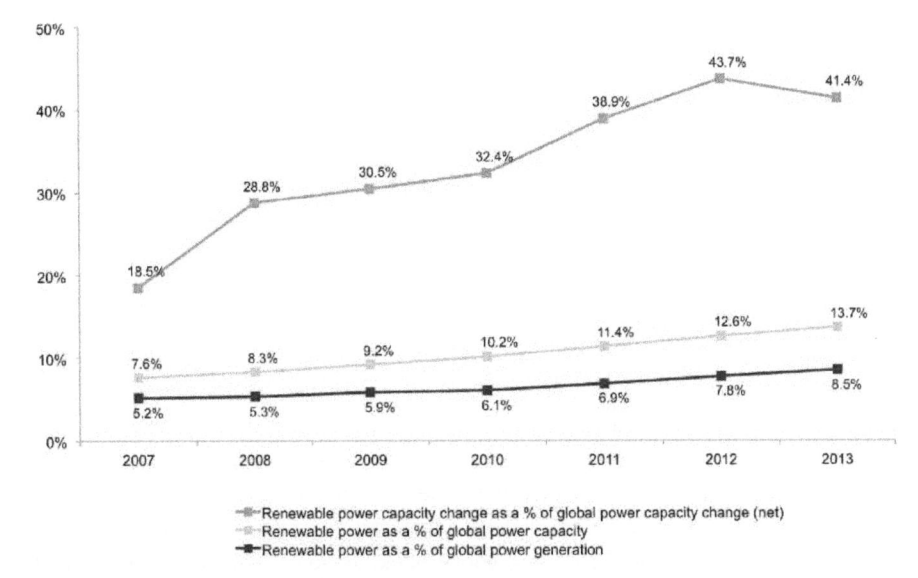

— Renewable power capacity change as a % of global power capacity change (net)
— Renewable power as a % of global power capacity
— Renewable power as a % of global power generation

Abbildung 4.1. Globale Trends bei den erneuerbaren Energien Quelle (UNEP 2014)

In Wirklichkeit zeigen die indikativen Zahlen einen höheren Trend von 41 % der im Jahr 2013 hinzugefügten GW-Kapazität, wodurch der Anteil der erneuerbaren Energien ohne Wasserkraft an der weltweiten Installationskapazität im Jahr 2013 auf 13,7 % steigt. Ueckerdt, Falko et al. (2014) untersuchten die weltweite jährliche Wachstumsrate der erneuerbaren Energien für Wind und Photovoltaik von 26 % bzw. 54 % im Zeitraum 2005 bis 2011. Im Jahr 2012 übertrafen die erneuerbaren Energien die konventionellen Brennstoffe (fossil und nuklear), wobei Dänemark 49 %, Deutschland 23 % und Spanien 32 % verzeichneten.

Kapitel 5

5.1 Erneuerbare Energie versus nicht-erneuerbare Wirtschaft

Walsh, Philip R. Dr. und Ryan Walters, Ryan (2009) wiesen empirisch darauf hin, dass die Nationen weltweit auf eine grüne Energiewirtschaft reagieren, die die Nutzung erneuerbarer Energien fördert. Die Nationen haben fossile Brennstoffe als Hauptverursacher von Treibhausgasen identifiziert. Das Dilemma der Kunden ist jedoch der Prozess der Kaufentscheidung zwischen konventioneller und grüner Energie und Technologie. Die Betonung der niedrigeren Kosten, der ökologischen und wirtschaftlichen Vorteile der Solarenergie sind die Grundlage für eine solide Entscheidung zwischen solarer/erneuerbarer Energie und nicht erneuerbarer Energie. Heutzutage gelten solare Warmwasserbereitungssysteme als die wirtschaftlichsten Produkte unter den alternativen Energien mit der besten Amortisationszeit weltweit. Walsh und Sanderson (2008) haben in (Walsh & Walter 2009) festgestellt, dass die Entscheidung der Kunden über die Energiekosten der wichtigste Faktor bei der Energieversorgung ist. Dieser Faktor bedeutet, dass die SSA-Länder bei der Förderung von Produkten oder Projekten im Bereich der erneuerbaren Energien in den benötigten Bereichen ihrer Volkswirtschaften achtsam sein müssen. Die Kosten-Nutzen-Analyse muss eindeutig in die verschiedenen Formen der Wertdifferenzierung wie Aussehen, Ansehen und sozialer Wert eingebettet werden. Erneuerbare Energieprodukte haben einen intrinsischen sozialen Nutzen in Bezug auf die Reduzierung von Treibhausgasen, während nicht-erneuerbare Energiequellen die Atmosphäre durch Treibhausgasemissionen belasten. Darüber hinaus konzentrieren sich alle Nationen bei ihren Entscheidungen auf erneuerbare Energien als alternative Energiequelle zur Reduzierung von Treibhausgasen und nicht auf die Emittenten. Walsh & Walter (2009) finden es schwierig, den wirtschaftlichen Nutzen zu quantifizieren, der sich aus dem Preisaufschlag ergibt, der für erneuerbare Energien gezahlt wird, und der größer oder kleiner ist als die Wahl einer nicht-erneuerbaren Energieoption. Alternativ dazu stellten die Autoren fest, dass sich die Märkte für erneuerbare Energien in der Regel als Ergebnis einer "unterstützenden öffentlichen Politik durch die Bemühungen wettbewerbsorientierter kommerzieller Interessen" entwickeln.

5.1.1 Die Wirtschaftlichkeit der Solarenergieproduktion

Glennon, Robert & Reeves Andrew M (2010) stellen fest, dass das Wachstum der PV-Solarproduktion in den letzten Jahren weltweit erheblich zugenommen hat. Solarprojekte wurden als die am schnellsten wachsende Energietechnologie der Welt verzeichnet. Die Zunahme des Wachstums hat zu einer drastischen Senkung der Systempreise geführt, dennoch sind die meisten der installierten Systeme im Vergleich zu anderen kostengünstigen Brennstoffoptionen auf der Versorgungsebene nicht wirtschaftlich. Diese Beobachtung erfordert eine Verbesserung der Technologie, um die idealen Größenvorteile zu erreichen.

5.1.2 Wirtschaftliche Vorteile von Solar Home Systems

Aus der Sicht von Weismantle, Kyle (2014) sind Solaranlagen für Privathaushalte wichtige Empfehlungen für eine nachhaltige Energieversorgung, die die Umweltverschmutzung begrenzt. Solarsysteme für Privathaushalte liefern nachhaltige Energie für Privathaushalte, Industrie und Gewerbe für verschiedene Zwecke. Solarenergie hat ein immenses Energiepotenzial und kann im Vergleich zu konventioneller, aus fossilen Brennstoffen gewonnener Energie viele Kostenvorteile für die Kunden mit sich bringen. Solarenergie ist zwar aufgrund des unvermeidlichen Sonnenuntergangs mit Stromschwankungen behaftet, bietet aber eine nachhaltige Energieversorgung. Nach Weismantle (2014) lässt sich die Solarenergie in vier Hauptkategorien unterteilen: Photovoltaik (PV), konzentrierte Solarenergie (CSP), solare Warmwasserbereitung sowie solare Raumheizung und -kühlung. Die Heimsysteme (PV) wandeln die Energie der Sonne direkt um, um Strom für Beleuchtung und Kühlung zu erzeugen. Die Systeme werden idealerweise mit den Anforderungen an bevorzugte Haushaltsgegenstände bewertet, die den installierten PV-Systemen entsprechen.

Aus der Sicht von (Eisen, Joel B. 2010) gibt es enorme wirtschaftliche Vorteile für Hausbesitzer, die genügend Energie für ihre Häuser erzeugen und sich mit gewaltigen klimabezogenen Problemen auseinandersetzen. Die großen Vorteile für die SSA und die globale Gesellschaft bei der Nutzung von Solar Home Systems sind die Verringerung des globalen Temperaturanstiegs und die nachhaltige Energieversorgung.

Die meisten typischen Solarmodule haben eine Lebensdauer von 20-30 Jahren. Die Lithium-Ionen-Batterien haben eine Lebensdauer von 10-15 Jahren, was sie wettbewerbsfähig zu konventionellem Strom macht.

Die Autonomie des Energiespeichersystems bei völliger Abwesenheit von Sonnenlicht wird wie folgt berechnet *Die Entladeeigenschaften der Batterie DC 225 Ah C10 6V (aus dem Datenblatt) lauten wie folgt*

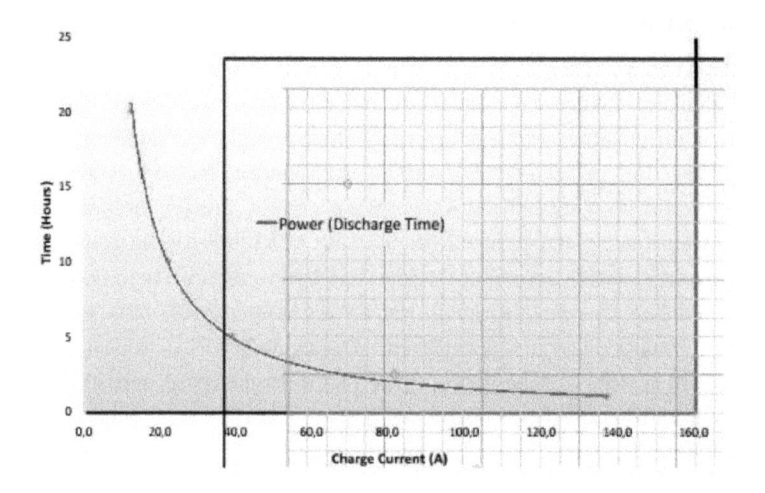

Abbildung 5.1 Autonomie des Akkupacks. Quelle:(German-Netz 2015)

Diese Analyse zeigt ein Energiesparszenario auf 24-Stunden-Basis für die weitere Verwendung.

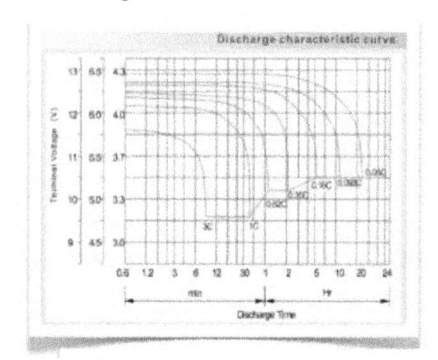

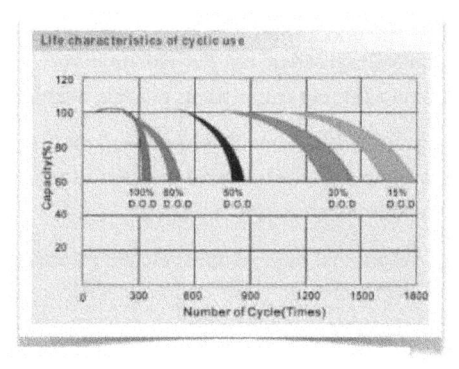

Abbildung 5.2 Entladung und Dauer der Batterie Quelle (German-Netz 2015)

Die Entladekennlinie zeigt die Effektivität eines Energiespeichers, der mit einem intelligenten Energieüberwachungssystem und einer dreiphasigen Versorgungsnetzkonfiguration ausgestattet ist.

Kapitel 6

6.1 Ein neuer Ansatz für die Konstruktion von Solarzellen

Nelson, Jim (2012) steigerte den Wirkungsgrad von Solarzellen mit einer integrierten Weitwinkel-Lichtsammelfläche um 25 %. Diese neu entwickelte 3D-Zelle ist in der Lage, 200 % mehr Leistung zu liefern als herkömmliche Solarzellen. Mit diesem innovativen Ansatz kann die Energieversorgung der Kunden durch eine von der Regierung unterstützte Politik zum wirtschaftlichen Nutzen der Kunden gewährleistet werden. In Abbildung 6.1 sind die Forschungsergebnisse dargestellt.

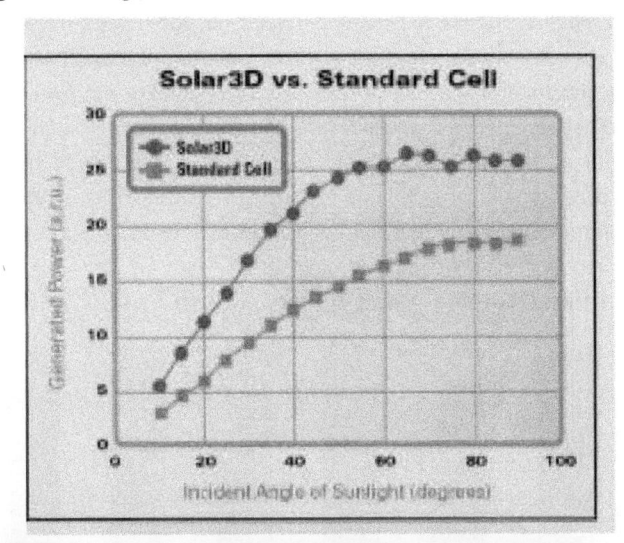

Abbildung 6.1 3D-Solarzelle vs. Standardzelle Quelle: (Nelson 2012)

Samada, Hussain. A et al. (2013) erkennen in ihrem Weltbankbericht die Solarenergie als eine wichtige Säule für die nachhaltige Initiative "Energie für alle" der Vereinten Nationen (UN) an. Die Autoren sehen in der Solarenergie eine Ressource, die das Wohlergehen von Millionen von Bürgern der SSA-Länder verbessern kann, die keinen Zugang zu Elektrizität haben. (Barnes 2007; Zerriffi, 2011) in Samada et al. (2013) weist auf die enormen Herausforderungen hin, mit denen arme ländliche Gebiete konfrontiert sind, wenn sie Strom für Beleuchtung, Heizung, Kochen und andere Produktionszwecke benötigen. Eisen, Joel. B. (2010) stellt vergleichend fest, dass die Solarenergie keine neuen Übertragungskapazitäten zur Aufnahme von Erzeugungskapazitäten erfordert. Das von dem Wissenschaftler empfohlene System ist ein zentraler HUB für die Verteilung von Strom an verschiedene Gemeinden und ländliche Gebiete. Dadurch werden die Kosten für den Endverbraucher mit erschwinglichen, nachhaltigen Zahlungsbedingungen grundsätzlich reduziert. Die konventionelle Stromversorgung erfordert jedoch mehrere zusätzliche Materialkosten, um die Gemeinden und ländlichen Gebiete zu subventionierten Preisen für die Bürger mit Strom zu versorgen. Eisen (2010) untersuchte den Einsatz von Anlagen für erneuerbare und konventionelle Energien und stellte fest, dass die Kosten für den Bau von Kraftwerken steigen, während erneuerbare Energien tendenziell schnell eingesetzt werden können. Die Regulierung des Klimawandels kann, wenn sie richtig geplant wird, die traditionelle Kohleverstromung ausschalten. Es ist ein günstiger Zeitpunkt für die SSA-Länder, auf Solarenergie umzusteigen, um den Bedarf von mehreren Millionen Menschen, die keinen Zugang zu Elektrizität haben, zu decken, anstatt ein neues konventionelles Kraftwerk zu bauen.

Diese armen Haushalte haben entweder nur begrenzten Zugang zu Strom oder sind nicht in der Lage, für Energiedienstleister zu bezahlen. (Jacobson, 2007; Wamukonya, 2007; Zerriffi, 2011; Brass et al., 2012) in Samada et al. (2013) wird empfohlen, dass die SSA-Länder Investitionen in netzunabhängige Solarelektrifizierungsprojekte für ländliche Gebiete als praktikable alternative Energiequelle für die Stromerzeugung zu den herkömmlichen Ansätzen in Betracht ziehen. UNEP (2014) bietet eine vergleichende Analyse zwischen Investitionen in erneuerbare Energien und in fossile Brennstoffe, die *in Abbildung 6.1.2 für die SSA-Länder dargestellt ist und im Folgenden untersucht wird:*

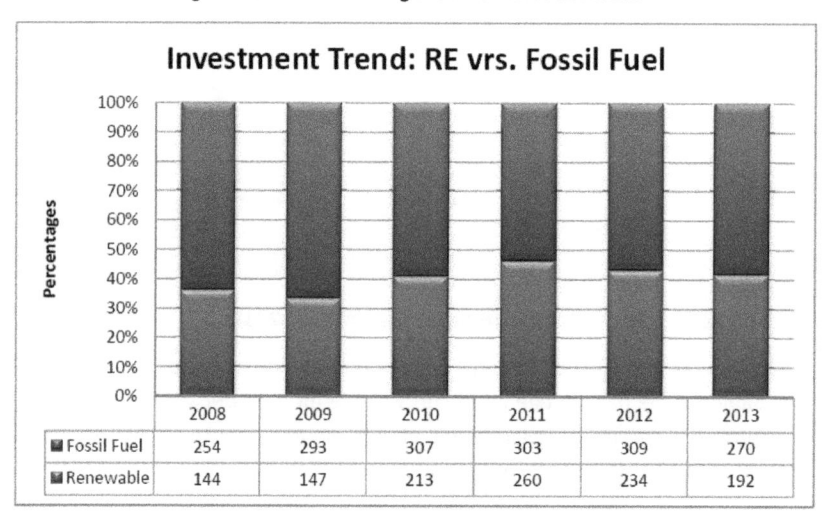

Investment Trend: RE vrs. Fossil Fuel

	2008	2009	2010	2011	2012	2013
Fossil Fuel	254	293	307	303	309	270
Renewable	144	147	213	260	234	192

Abbildung 6.1.2 Investitionen in erneuerbare Energien im Vergleich zu den Bruttoinvestitionen in fossile Energieträger, 2008-2013, $BN Quelle: Autor (Daten UNEP 2014)

In Abbildung 6.1.2 verdeutlicht das UNEP (2014) den Anstieg der Trendverschiebung bei der Stromerzeugung aus erneuerbaren Energien von 7,8 % im Jahr 2012 auf 8,5 % im Jahr 2013. Dieser Trend zeigt deutlich das Interesse der meisten Länder an erneuerbaren Energien, insbesondere an der Solarenergie. Nach Ansicht des Wissenschaftlers konnten die SSA-Länder mit der höchsten Sonneneinstrahlung jedoch nicht nennenswert in Solarenergie als alternative Energiequelle für ihre Bürger investieren. Stattdessen liehen sich viele SSA-

Länder Geld, um konventionelle Energie aus politischen Gründen zu subventionieren. Wenn die SSA-Länder Szenarien zur Ermittlung potenzieller Investitionsquellen für Solarenergie in Kombination mit Energieeffizienz entwickeln könnten, würden sie wirtschaftliches Wachstum und nachhaltige Energieversorgung erreichen.

Urpelainen, Johannes & Yoon, Semee (2014) sahen die Bedeutung der netzunabhängigen Elektrifizierung als klare Lösung für den ländlichen Strombedarf. Die netzunabhängige Elektrifizierung wird den über eine Milliarde Menschen in Afrika südlich der Sahara und in Südasien helfen, die keinen Zugang zu grundlegender Haushaltsstromversorgung haben. Die Vorzüge des netzunabhängigen Solarsystems liegen darin, dass es keine intermittierende Versorgung oder Spannungsschwankungen gibt, sondern eine höhere und nachhaltige Energielieferung. Zahlreiche Studien von (Cook, 2011; Dinkelman, 2011; Khandker, Barnes und Samad, 2013) in Urpelainen, Johannes & Yoon und Semee (2014) zeigen, dass die Qualität der ländlichen Bevölkerung durch den Zugang zu elektronischen Medien verbessert, die Ausgaben für den Brennstoffverbrauch gesenkt und die Bildung der Kinder verbessert wird.

Kapitel 7

7.1 Grundsätze für politische Entscheidungsträger und Praktiker

Sovacool, Benjamin K. (2012) stellte fest, dass die meisten politischen Entscheidungsträger den Nutzen der Solarenergie für die Endverbraucher nie in Betracht zogen. Der Autor führte eine qualitative Analyse durch und empfahl mehrere politische Szenarien für politische Entscheidungsträger, Entwicklungsingenieure und Akademiker. Sovacool (2012) weist ferner darauf hin, dass Solarenergie zwar kostspielig ist, ihre wirtschaftlichen Vorteile wie geringerer Brennstoffverbrauch oder -preis, verbesserte Technologie, Verringerung der Treibhausgase in der Atmosphäre und Verbesserung der Gesundheit aber die wichtigsten Vorteile sind. Sovacool (2012) zufolge sterben jedes Jahr mehr als 1,6 Millionen Menschen vorzeitig an den Folgen der Verbrennung fester Biomasse, die meisten davon sind Kinder in armen Ländern.

Zweitens rät Sovacool (2012) den Ingenieuren, stets die Durchführbarkeit als Bewertungsinstrument für eine effektive Projektentwicklung durchzuführen.

Drittens müssen die SSA-Länder zwischen "Geberprojekten" und Umlagefinanzierung (PAYG) wählen. Für ein wirksames Programm sollte die Entscheidung für die Eigenverantwortung der Gemeinschaft bevorzugt werden.

Viertens sollte ein effektives Programm/Projekt mit einem Kundendienst als Garantiesicherung einhergehen, um kommunale Solarinitiativen zu fördern. Soziale Verantwortung kann mit der Ausbildung von Jugendlichen in der Installation und Wartung bestehender Anlagen verbunden werden.

Fünftens können Programme als Motivationsinitiative Stipendienprogramme für brillante Kinder von Endverbrauchern initiieren. Das Unternehmen kann Hochschulabschlüsse in den Bereichen Wissenschaft, Technik und verwandten Interessengebieten für engagierte Mitarbeiter bezuschussen.

Sechstens können Leistungsvergleichsprogramme durch die Verteilung von Rollen und Verantwortlichkeiten auf verschiedene Institutionen und Akteure erfüllt werden, um Risiken zu entschärfen und eine "institutionelle Heterogenität" zu schaffen, die die Akteure dazu motiviert, sich gegenseitig im Auge zu behalten.

Siebtens müssen die Programme mit Mikrofinanzierungen oder günstigen Krediten für förderfähige Gemeinden oder mit Projektleasing durch Energiedienstleistungsunternehmen (ESCOs) verknüpft werden, bei denen es mehr um die Erschwinglichkeit von Energiedienstleistungen als um die Erfüllung der Ziele für die installierte Kapazität geht. ESCOs berücksichtigen grundsätzlich die Erschwinglichkeit für jeden Haushalt als Endverbraucher ohne Rücksicht auf die Kosten der Anlage (Sovacool 2012).

Achtens: Ingenieure sollten in Erwägung ziehen, in den Aufbau von Kapazitäten zu investieren, um das Finanzmanagement und die Einnahmenerhebung zu verbessern. In der

Praxis des Solarenergie-Engineerings muss der Schwerpunkt auf Forschung für Innovation und technologischen Fortschritt sowie auf Software und Datenerfassungstechniken gelegt werden, um einen Vorteil gegenüber der Konkurrenz zu erzielen.

Neuntens müssen die SSA-Länder unabhängige Agenturen benennen, die die Leistung der Projekte bewerten, und strenge Strafen für Projekte mit schlechter Leistung vorsehen, die gegen die programmatischen Standards für die wirtschaftliche Lebensfähigkeit verstoßen. Projekte mit programmatischen Standards würden vom Entwicklungsprogramm der Vereinten Nationen (UNDP) unterstützt.

Zehntens: Die Regierungen der SSA-Länder müssen ihre Unterstützung und Belastbarkeit an die Erreichung der angestrebten Ziele binden.

Sobald die oben genannten Maßnahmen von den Regierungen der SSA-Staaten strikt eingehalten werden, wären die Ingenieure in der Lage, qualitativ hochwertige und garantierte solartechnische Dienstleistungen mit lobenswerten Größenvorteilen für die Endverbraucher anzubieten.

Kapitel 8

8.1 Netzmerkmale

Sakhrani, Vivek & Parsons, John E. (2010) weisen dementsprechend auf den monopolistischen Charakter der Stromnetze - Übertragung und Verteilung - bei der Bereitstellung von Strom mit Größenvorteilen hin. Den Autoren zufolge liegen "Größenvorteile vor, wenn die durchschnittlichen Produktionskosten eines Unternehmens mit steigendem Output sinken". In den SSA-Ländern ist jedoch das Gegenteil der Fall: Wenn die Produktion steigt, sinkt der Ausstoß. Aus wirtschaftlicher Sicht ist es billiger, verschiedene Produkte in einem einzigen Unternehmen mit mehreren Produktionsstätten zu kombinieren, um eine Vielzahl von Spezialprodukten herzustellen.

8.1.1 Natürliche Monopole

Nach Sakhrani & Parson (2010) sollen Stromnetze dann Größenvorteile schaffen, wenn ihre Kapazität in der Lage ist, die Nachfrage aller Netznutzer innerhalb ihres Netzgebiets zu decken. Skaleneffekte treten auf, wenn die durchschnittlichen Produktionskosten mit steigender Kapazitätsauslastung sinken. In den SSA-Ländern sind die Größenvorteile bei der Stromerzeugung noch NIE erreicht worden. Der Wettbewerb bei der Stromerzeugung in den einzelnen SSA-Ländern ist wirtschaftlich ineffizient. Für die wirtschaftliche Tragfähigkeit der Stromerzeugungskapazität ist es erforderlich, dass eine kleine Anzahl von Kunden in bestimmten Gebieten mit Strom versorgt wird. Das Prinzip der Größenvorteile erfordert, dass die Stromlieferung als Multiproduktszenario mit verschiedenen Methoden betrachtet wird, um Verbundvorteile zu erzielen. Daher können die SSA-Länder durch die Energieversorgung über territoriale Netze die Kosten für die Endverbraucher senken, wenn sie mehrere Kunden in einem bestimmten Gebiet beliefern.

8.1.2 Anforderungen an die Infrastruktur

Aus der Sicht von Weismantle, Kyle (2014) gibt es viele Solarenergiekonzepte, bei denen positiv geladene Halbleiter gegen negativ geladene Halbleiter gesetzt werden, um ein elektrisches Feld zu erzeugen. Um die Kosten zu senken, können die SSA-Länder gemeinschaftliche Mikronetzsysteme einführen, die die Installationskosten im Vergleich zu konventioneller Elektrizität um 80 % senken können. Für eine langfristige Stabilität von PV-Produktionssystemen ist eine ordnungsgemäße Installation der Infrastruktur erforderlich. Ingenieure müssen bei der Installation von PV-Solarmodulen mögliche Abschattungen durch Bäume berücksichtigen, damit die Sonnenstrahlen effektiv eingefangen werden. Die Paneele können entweder auf Dächern oder anderen Strukturen installiert werden, die die Ineffizienz des Systems verringern würden. Die Paneele müssen so angebracht werden, dass sie zu jeder Jahreszeit die maximale Sonneneinstrahlung einfangen. Die strukturelle Integrität, die das zu installierende System trägt, ist ein wesentlicher Beurteilungspunkt für die Installation und Wartung der Komponenten. Ingenieure können entweder ein autonomes System (netzunabhängig) oder ein netzgebundenes System (netzgebunden) installieren. Die Vorteile des netzgebundenen Systems liegen in der Übertragung oder dem Verkauf ungenutzter Energie an das nationale Netz oder an ein Versorgungsunternehmen, um Gutschriften für den vom System erzeugten Stromüberschuss zu erhalten (Weismantle, Kyle 2014). Auf kommunaler Ebene sind jedoch netzunabhängige Systeme zu empfehlen, um die zusätzlichen Kosten für den Ausbau der konventionellen Stromversorgung in solchen Gemeinden zu vermeiden.

Glennon, Robert & Reeves Andrew M. (2010) erinnern die Solaringenieure daran, dass sie darauf achten sollten, dass die Strahlung regelmäßig gewaschen wird, um eine maximale Energielieferung an die Kunden zu gewährleisten. Glennon & Reeves (2010) raten außerdem dazu, Solarsysteme in städtischen Ballungsräumen im Versorgungsmaßstab zu errichten, um in Zukunft größere Anlagen zu ermöglichen und die Betriebskosten durch den Verkauf von Energie an das Netz auszugleichen. Ein weiteres Solarsystem, das von (Glennon & Reeves 2010) empfohlen wird, ist das CSP-System, das das Problem der Unterbrechungen, das bei PV-Systemen besteht, verringern kann. CSP nutzt thermische Speicherung, Hybridisierung mit Erdgas oder geschmolzenem Salz. CSP-Systeme sind in der Lage, auch bei Sonnenuntergang Strom in das Netz einzuspeisen. Bei CSP gibt es vier verschiedene Ansätze: Solarrinne, linearer Fresnel-Kollektor, Leistungsturm und Dish/Motor. Aus technischer Sicht können Solarröhren, lineare Fresnel-Kraftwerke und Leistungstürme genug Wärme erzeugen, um Wasser zu kochen und Abgase zu erzeugen, die eine Turbine zur Stromerzeugung antreiben können. Interessanterweise nutzt CSP die Sonne und nicht Kohle, was es umweltfreundlich macht.

Abdulsalam, D. et al. (2013) betonen, dass die Länder der südlichen und östlichen Hemisphäre Solar Home Systems als nachhaltige erneuerbare Energiequellen für die häusliche Stromversorgung einsetzen müssen. Die Autoren stellen eine jährliche Globalstrahlung von 22,88 MJ/m/Tag fest, die es erschwinglich macht, Solarenergie weltweit einzuführen, um die Herausforderungen des Klimawandels zu verringern.

Kapitel 9

9.1 Urbane Solarenergie als bahnbrechende Technologie

Eisen (2010) weist darauf hin, dass Solartechnologien *"anfangs"* "hinter den bestehenden Technologien zurückbleiben", die sie einholen und überholen können. Es ist erwiesen, dass "Disruption Schnelligkeit und eine abrupte Verschiebung des Verlaufs einer Branche bedeutet". Die neue Innovation holt einen ein und ersetzt rasch die bestehende Technologie (konventionelle Elektrizität). Die Schlüsselbereiche der Disruptivitäts-Theorie verlangen, dass die Technologie daran gemessen wird, wie sie die von der neuen Technologie abgeleiteten Wettbewerbsvorteile für die Umwelt revolutioniert. Eisen (2010) argumentiert jedoch, dass der Erfolg der Solartechnologie staatliche Unterstützung durch politische Maßnahmen, Regulierungs- und Anreizmechanismen benötigt, um ihre disruptiven Ziele zu erreichen.

Eisen (2010) sieht in der Solarenergie einen perfekten technologischen Durchbruch, der die konventionelle Elektrizität problemlos ersetzen und gleichzeitig zur Reduzierung der Treibhausgasemissionen beitragen kann. Durch die Festlegung eines Ziels für die Einführung der Solarenergie auf allen Ebenen der SSA-Wirtschaft werden die Kosten für die Paneele erheblich gesenkt. Eisen (2010) rät Ingenieuren, die Systemtechnologie zu verbessern, um die Kosten für einen effektiven Einsatz in den ländlichen Gebieten der SSA zu senken. Das Problem im Zusammenhang mit der Nutzung von Solarenergie besteht darin, die Verbraucher dazu zu bringen, sich in Kombination mit der technologischen Reife anzupassen. Die Lösung besteht einfach darin, neue Häuser und abgelegene Standorte für Solaranlagen vorzuschreiben. Die Einführung von Standards für erneuerbare Energien (Renewable Portfolio Standards - RPS) für neue Versorgungsunternehmen, die einen bestimmten Prozentsatz ihres Stroms aus erneuerbaren Quellen erzeugen müssen, ist von entscheidender Bedeutung, wenn sie von den Regierungen gefördert werden. *Es stellt sich die Frage, was der beste Ansatz für einen weit verbreiteten Einsatz von Solarenergie sein könnte.* Laut Eisen (2010) liegt die Antwort in Technologien, die "die Wettbewerbslandschaft dramatisch verändern und eine Leistungsdimension einführen, mit der frühere Technologien nicht konkurrieren konnten".

9.1.1 Erwartungen an aufkommende Technologien schaffen

Nissila, Heli et al. (2014) raten, dass die Nationen nach fortschrittlichen Technologien suchen sollten, um die aktuellen ökologischen Herausforderungen zu bewältigen. Diese Technologien sollten sich auf saubere Energiequellen konzentrieren, die direkt aus erneuerbaren Energien gewonnen werden. Erneuerbare Energien werden seither als nachhaltige saubere Energie ohne größere Unsicherheiten empfohlen. (van Lente, 1993; Borup et al., 2006; Konrad et al., 2012) Nissila, Heli et al. (2014) weisen in ihrer bahnbrechenden Forschung zur Soziologie der Erwartungen darauf hin, "wie Erwartungsversprechen und politische Ideogramme in der Technologieentwicklung funktionieren", und haben dabei drei Faktoren beobachtet: i) die Schaffung eines gemeinsamen Ziels durch kollektive Zusammenkunft, ii) die Gewinnung von Finanzmitteln für F&E und politische Unterstützung für regulatorische und institutionelle Veränderungen, iii) sinnvolle Orientierungsprozesse für Wissenschaftler, Ingenieure und Forscher, iv) die Verringerung der wahrgenommenen Unsicherheit.

Walsh, Philip R. et al. (2009) weisen darauf hin, dass die Wettbewerbsfähigkeit von Solaringenieuren einen sequenziellen Prozess verbesserter Innovationen erfordert, um die Einzigartigkeit der Solarenergie zu erhalten. Die Abfolge steht für die wesentlichen, dem Produkt zugrunde liegenden technologischen Komponenten. Die grundlegende, vom Kunden akzeptierte Innovation für einen Wettbewerbsvorteil ist die wahrgenommene Benutzerfreundlichkeit und der wahrgenommene Nutzen des Produkts.

Kapitel 10

10.1 Management auf der Angebotsseite

Damit die SSA-Länder den wahrgenommenen Nutzen der Solartechnologie erreichen können, muss laut (Bush, Victor m 2013) bei der Beschaffung von PV-Panels ein Supply-Side-Management eingeführt werden. Solarenergie, verschiedene Aktivitäten können auf Kabel, Batterien, Glühbirnen, Solarkühlschränke, Paneele, etc. zurückgeführt werden. Die Investoren müssen die Anforderungen der einzelnen Länder in Bezug auf die Beschaffung beachten und die Energieendverbraucher verstehen. Ingenieure müssen laut (Bush 2013) die Ressourcenplanung in ihre Beschaffungsstrategien integrieren, um finanzielle Risiken zu verringern. Ingenieure müssen über spezielle Kenntnisse im Materialeinkauf in der Solarbranche verfügen, um eine effektive und garantierte Produktlieferung zu gewährleisten. Dies bietet den Energiekäufern und -verkäufern eine Risikorendite.

10.1.1 Nachfrageseitiges Management

Laut Bush (2013) ist die Nachfragesteuerung (Demand Side Management, DSM), die gemeinhin als Energieeffizienz und Energieeinsparung bezeichnet wird, ein Schlüsselelement bei der Strukturierung von Projekten für erneuerbare Energien. "Obwohl sich das Nachfragemanagement nicht wesentlich verändert hat, besteht sein Hauptzweck nach wie vor in der Reduzierung des Energieverbrauchs von Anlagen" (Bush 2013). Solarenergie wird als die einzige lohnende Elektrizität eingestuft, die Treibhausgase und Umweltprobleme reduziert.

10.1.2 Integrierte Ressourcenplanung

Nach (Bush 2013) ist es erforderlich, dass Strategien für das Management der Versorgungsseite in die Ressourcenplanung von Energieprojekten integriert werden. Bei Solarprojekten sind die Preisgestaltung und die Messung des Energieverbrauchs die nachhaltige Grundlage für den Erfolg. Daher muss das Wissen über angebotsseitige und nachfrageseitige Aktivitäten integriert werden, um einen einfachen Zugang zu Endverbrauchsdaten und Lieferdaten für die Bewertung zu ermöglichen. Die Planung der Integrationsressourcen würde die von den Kunden im Gebiet verbrauchten kWh an Energie ermitteln. Datenerhebungen und die Bewertung der stündlichen Energielasten sind entscheidend für ein effektives Energiemanagement.

10.1.3 Metriken und Leistung

Metriken und Leistungsprinzipien im Energiebereich erfordern die Behandlung von Energie als Vermögenswert oder Rohstoff, um das Energiemanagement auf kommunaler Ebene zu institutionalisieren. Für die Energieunternehmen in den SSA-Ländern ist es von größter Bedeutung, dass sie Praktiken der Vermögensverwaltung und Metriken anwenden, um wirtschaftliche Rechtfertigungskriterien und Leistungsziele für das Energiemanagement festzulegen, um eine nachhaltige Versorgung, Lieferung und Rentabilität zu erreichen. Nach (Bush 2013) würde eine gut konzipierte Asset-Management-Plattform dem Personal Daten für das Benchmarking der Nutzung und die Festlegung von Leistungszielen für das Management und die Interessengruppen zur Verfügung stellen.

Kapitel 11

11.1 Einkommensstrom

Laut Sakhrani, Vivek & Parsons, John E. (2010) sind die Strompreise in monopolistischen Netzen höher als die Kosten für die Lieferung. Daher können die Einnahmen der Unternehmen aus dem Stromverkauf reguliert werden, um die Kosten der Lieferung zu senken. In den meisten SSA-Ländern arbeiten die Regulierungsbehörden jedoch entweder unzureichend, um die Bedürfnisse der Kunden zu ermitteln, oder sie werden politisch beeinflusst. Aus Sicht von Sakhrani & Parson (2010) sind die Regulierungsbehörden verpflichtet, "die Suffizienzkriterien der Netzgesellschaft anzugeben". In den meisten SSA-Ländern ist jedoch das Gegenteil der Fall, wo der politische Einfluss den Rahmen für die Netzsteuerung außer Kraft gesetzt hat.

Ein wichtiger Faktor, der in den SSA-Ländern zu berücksichtigen ist, sind die Kosten für das Netz, das die Vermögenswerte des Unternehmens darstellt. Aus Sicht von Sakhrani & Parson (2010) sind Übertragungsleitungen, Transformatoren, Umspannwerke, Kommunikations- und Schutzeinrichtungen, Kontrollmechanismen usw. höher als die laufenden Betriebskosten des Netzes mit einer Lebensdauer von 30-40 Jahren. Diese speziellen Anlagen können nicht einfach verlagert oder für andere Zwecke eingesetzt werden. Der wirtschaftliche Nutzen von Solaranlagen liegt ebenfalls bei einer Lebensdauer von 20-30 Jahren und ist beweglich oder umsetzbar. Die Kostendeckung von Solarprojekten ist in den SSA-Ländern deutlicher als bei der Nutzung konventioneller Energien. Die Wirtschaftlichkeit von Investitionen sowohl für Solarenergie als auch für konventionelle Energie ist eine Garantie für die Kostendeckung (Sakhrani & Parson 2010), die nur durch geeignete Anreizmechanismen erreicht werden kann.

Kapitel 12

12.1 Emissionen und erneuerbare Energien

Abbildung 3 des UNEP (2014) veranschaulicht die von drei Prognostikern - Internationale Energieagentur (IEA), ExxonMobil und BP - prognostizierte Entwicklung der weltweiten CO_2 Emissionen. In Anbetracht der Höhe der Investitionen in fossile Brennstoffe sagen die drei Organisationen leicht unterschiedliche Verläufe voraus, wobei Exxon sehr optimistisch von einem möglichen Höchststand um 2030 ausgeht. Alle drei prognostizierten jedoch einen Anstieg des CO_2 um 20 % im Vergleich zu 2011. Laut (Mormann, Felix 2014) erfordert die Eindämmung des Klimawandels in den SSA-Ländern eine rechtzeitige Dekarbonisierung des Elektrizitätssektors durch konzertierte Anstrengungen des öffentlichen und des privaten Sektors zur Verbesserung der Effizienz der Energieerzeugung, des Transports und des Endverbrauchs sowie den Einsatz von Technologien zur Stromerzeugung aus erneuerbaren Energien in großem Maßstab. Ueckerdt, Falko et al. (2014) überprüfen ehrgeizige Klimaschutzziele anhand von Szenarien für eine langfristige Integrationsbewertung mit Bottom-up-Ressourcenbewertungsstudien, die erneuerbare Energien als potenzielle Akteure ausweisen.

Mormann, Felix (2014) weist darauf hin, wie wichtig die Förderung der Energieeffizienz durch den Einsatz kohlenstoffarmer Technologien zur Stromerzeugung aus erneuerbaren Energien ist. Wissenschaftler und Ökonomen empfehlen den Einsatz erneuerbarer Technologien als Instrument zur Verringerung der Treibhausgasemissionen bei der Stromerzeugung. Der Einsatz dieser Technologien zur Verringerung der Treibhausgasemissionen wird für private, industrielle und gewerbliche Endverbraucher wirtschaftliche Vorteile mit sich bringen. Der Einsatz dieser Technologien wird den politischen und wirtschaftlichen Druck verringern, Strom erschwinglich und weltweit wettbewerbsfähig zu halten.

Kapitel 13

13.1 Solarpolitischer Rahmen

Nach Eisen (2010) sollen staatliche Maßnahmen Entwickler dazu ermutigen, Solarenergie als grundlegende Energielösung für Hausbesitzer, gewerbliche Gebäude und die Industrie anzubieten. Solche Maßnahmen können Versorgungsunternehmen regulieren, damit sie sowohl von den Größenvorteilen bei der Durchführung mehrerer Anlagen als auch von den regulatorischen Größenvorteilen durch staatliche Eingriffe zur Beseitigung solcher Hindernisse profitieren.

Weismantle, Kyle (2014) ist der Ansicht, dass ein politischer Rahmen für die Solarenergie erforderlich ist, um die Wettbewerbsfähigkeit der PV-Installationstechnologie im Vergleich zu konventionellen Stromerzeugungsquellen zu verbessern. Die Preislücke kann nur durch Subventionen geschlossen werden, wobei die Stromversorger einen bestimmten Prozentsatz ihrer Energieversorgung aus erneuerbaren Quellen beziehen müssen. In den SSA-Ländern kann für Immobiliengesellschaften ein Verbot der Nutzung von konventionellem Strom verhängt werden, wenn sie außerhalb eines besiedelten Gebiets angesiedelt sind. Für solche Immobilien können Bebauungsverordnungen und restriktive Vereinbarungen über die Nutzung von Sonnenenergie erlassen werden. Um die Genehmigung für die Installation zu beschleunigen, können die Verwaltungs- und Genehmigungsanforderungen auf regionaler oder kommunaler Ebene beschleunigt werden. Wesentlich ist auch, dass die Anreizprogramme wie Einspeisetarife und Anreize für den Erwerb von Implementierungsressourcen.

13.1.1 Verschiedene Arten der Politikgestaltung für erneuerbare Energien

Groba, Felix et al. (2011) empfehlen den Regierungen, zwei Regulierungsdimensionen für erneuerbare Energien festzulegen. Erstens eine Politik, die auf den Preis von Strom aus erneuerbaren Energien oder die erzeugte Menge abzielt. Zweitens eine investitionsfördernde Politik für die Erzeugung erneuerbarer Energien, wie sie von Generation (Haas et al. 2004, Haas et al. 2008, Menanteau et al. 2003) in Groba (2011) angegeben wird. Regulierungssysteme, die sich auf Umweltvorteile wie Klimawandel und Umweltverschmutzung, nationale Sicherheitsrisiken im Zusammenhang mit fossilen Brennstoffen und die Eroberung von Märkten konzentrieren, die von fossilen Brennstoffen dominiert werden.

Crossley, Penelope J. (2013) empfiehlt, Anreize für gezielte Stromerzeugungssysteme festzulegen, die größer oder gleich sind als bestimmte Werte. Diese Spezifika sind mit einem Prozentsatz der Gesamtkosten der Subventionen für netzgebundene Systeme (50 %) und 70 % der Kosten für netzunabhängige Systeme verbunden, gekoppelt mit technologischer Unterstützung und Marktanreizen. Diese Mechanismen könnten die Nutzung der Solarenergie in verschiedenen Kapazitäten zu erschwinglichen Preisen steigern. Die Ziele basieren auf den folgenden Punkten:

i) Regulierung der photovoltaischen Solarstromerzeugung;

ii) Förderung der nachhaltigen Entwicklung der Fotovoltaikindustrie;

iii) Entwicklung einer einheitlichen nationalen Benchmark für Solarstrompreise;

iv) Entwicklung von Anreizmechanismen zur Emissionsminderung;

v) Regulierungsmaßnahmen zur Kontrolle der Schaffung von Arbeitsplätzen.

Wenn die oben genannten fünf Ziele umgesetzt und von den Regierungen unterstützt werden, erhalten die Steuerzahler einen Gegenwert für ihr Geld. Diese Werte entstehen durch die Schaffung von qualifizierten Arbeitsplätzen, die Schaffung von Arbeitsplätzen für Geringqualifizierte und die mögliche kommerzielle Solarzellenproduktion durch den von der Regierung geschaffenen Anreizmechanismus.

Eisen (2010) stellt dar, wie regulatorische Unsicherheit das Interesse von Unternehmen an Investitionen in die Solarenergieerzeugung oder die Zellproduktion behindern kann. Eisen empfiehlt, Anreize an staatliche Unterstützung zu knüpfen, die die Lieferung und Bereitstellung von Solarenergie nicht uneinheitlich unterbrechen. Die Regierungen der SSA-Länder müssen alle Anreizsysteme für ihr Überleben regeln, um Unstimmigkeiten bei der Bereitstellung solcher Anreize für die benötigten Unternehmen und Einzelpersonen zu vermeiden.

Um bessere Größenvorteile bei der Verteilung und Erzeugung zu erzielen, müssen die Regierungen der SSA-Länder von den Investoren ein integratives Überwachungssystem verlangen. Diese Überwachungssysteme reichen von der Erzeugung über die Verteilung bis hin zum Endverbrauch als Schutzmaßnahme. Diese Schutzmaßnahme bestimmt die endgültige Energielieferung direkt an die Endverbraucher als Mittel der Energieeffizienzstrategie zur Verringerung oder Minimierung des Diebstahls. Diese integrative Systemtechnologie kann in SSA-Ländern eingesetzt werden, die über kein integratives Smart-Grid-System verfügen. Diese Regulierungsmaßnahmen sollten in alle Stromerzeugungsverträge für neue und alte Unternehmen aufgenommen werden. Dies würde die Einnahmen der Verteilerunternehmen erheblich steigern und gleichzeitig den Unternehmen eine Benchmark-Preisregelung bieten.

Kapitel 14

14.1 Energiesparende Versicherung

Solarstrom hat viele Kostenvorteile, gilt aber in Entwicklungsländern als kostspielig und unerschwinglich. Micale, Valerio et al. (2015) führen jedoch eine Versicherungspolice bzw. ein Instrument ein, das Investitionen in die Energieeffizienz anregen kann. Da Solarenergie über einen effektiven Bereitstellungsmechanismus verfügt, wurde sie als Quelle für Energieeffizienz angesehen, die parallel zur Energieeffizienz die Treibhausgasemissionen reduziert. Micale et al. (2015) führten ein Versicherungsinstrument für Energieeinsparungen ein, um die Risikofaktoren zu mindern, denen kleine und mittlere Unternehmen bei der Bewertung der zu erwartenden tatsächlichen Energieeinsparungen ausgesetzt sind. Die SSA-Länder könnten die Umwandlung ihres Energiebedarfs nutzen, indem sie ein Versicherungsinstrument mit ergänzenden Maßnahmen einführen, das die technischen Kapazitäten, den Zugang zu Kapital und andere Hindernisse für Investitionen in die Energieeffizienz angeht. Die Lebensdauer der Solartechnologie liegt bei 20-30 Jahren für die Paneele, während die Lebensdauer der Batterien auf 15 Jahre geschätzt wird (Lithium-Ionen). Daher empfehlen Micale et al. (2015) den SSA-Ländern die Einführung von Versicherungsinstrumenten, die bis zu 80 % der Projektkosten für Vorabinvestitionen mit einer Laufzeit von 20 oder 25 Jahren abdecken können, anstatt der üblichen Deckung von 8 Jahren für Technologien. Micale et al. (2015) stellen im Folgenden den Rahmen für politische Entscheidungsträger vor:

- Der Zahlungsanteil wird einbehalten, um technologische Lösungen über einen bestimmten Zeitraum zu finanzieren, während die Anfangsinvestition die Kosten für die Ausrüstung deckt. Die Investoren würden dann jährlich für die technische Leistung und die Wartungskosten auf der Grundlage der Energieleistung und der insgesamt im Rahmen des CDM-Programms eingesparten Treibhausgase zahlen;

- Um einen wirtschaftlichen Anreiz für Ausrüstungs- und Dienstleistungsanbieter zu schaffen, die erforderliche Technologie in hoher Qualität zu liefern, wird empfohlen, eine 50%ige Einsparungsklausel zugunsten der Technologie in den Vertrag aufzunehmen;

- Die Jahresprämie ist machbar, wenn sie auf 1-3 % des gesamten Versicherungswertes basiert und die Deckung näher an der Amortisationsdauer der Investition liegt. Im Szenario der Solarenergie muss der Kunde 0,5 % Prämie an die Versicherungsgesellschaft zahlen, während die Versicherungsgesellschaft auch 95 % für die technische Lösung (Solartechnik) zahlt;

- Lokale Banken gewähren im Rahmen ihrer Finanzierungsanforderungen eine Prämie zur Deckung des Ausrüstungsbedarfs.

Die Versicherungspolice wird die Kosten der Solarenergie für den Endverbraucher erheblich senken und ausländische Direktinvestitionen in Programme zur Beseitigung der

Energiearmut in der SSA erhöhen.

Das empfohlene Verfahren ist in Abbildung 14.1 unten dargestellt.

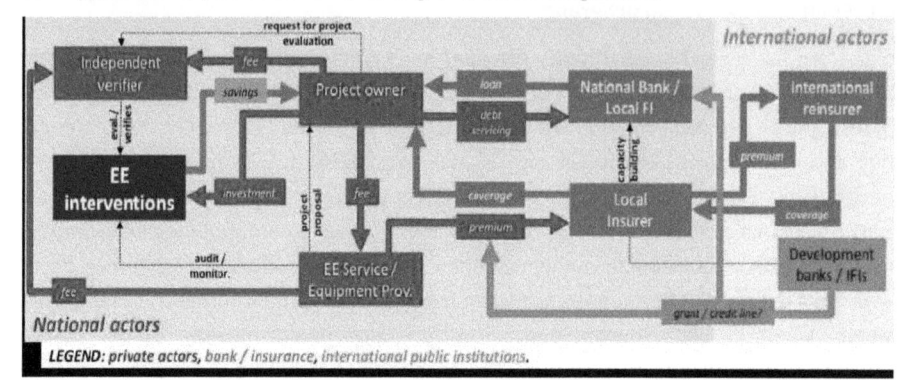

Abbildung 14.1 Versicherungsmechanismus für Energieeinsparungen/Solaranlagen: Quelle (Micale et al 2015)

Micale & Deason (2014) stellen verschiedene versicherungspolitische Mechanismen für die SSA-Länder zur Diskussion.

Für Interessengruppen:

• Lokale beauftragte Banken sollen die verschiedenen Elemente auf Länderebene koordinieren, um die Initiative zur Versicherungsfinanzierung zu unterstützen. Die beauftragte Institution soll mit internationalen Organisationen zusammenarbeiten, um mit lokalen Versicherern und internationalen Rückversicherungsgesellschaften, unabhängigen Gutachtern, lokalen Geschäftsbanken und Energiedienstleistern (ESP) zu interagieren. Laut Micale & Deason (2014) wird den SSA-Ländern empfohlen, Solarenergie-Initiativen mit der nationalen Agenda zu verknüpfen, indem rechtliche/regulatorische Instrumente eingeführt werden, die mit dem lokalen Umfeld kompatibel sind.

• Lokale Versicherer sollten ebenfalls angesprochen werden, um gegen eine Prämie, die von den Anbietern von Energieeffizienz-Dienstleistungen oder -Geräten gezahlt wird, das Projekt zu übernehmen.

• Die SSA-Länder müssen Maßnahmen zur Überwachung und Bewertung von Anbietern energieeffizienter Dienstleistungen und Ausrüstungen durch unabhängige technische Prüfer durchführen.

- Internationale Geber und von Gebern unterstützte Entwicklungsfinanzierungsinstitutionen können den SSA-Ländern auch technische Hilfe leisten, indem sie Initiativen für strenge, unterstützende Energiegesetze und -vorschriften ergreifen, die eine wichtige Voraussetzung für die erfolgreiche Umsetzung des Instruments sind.

14.1.1 Innovation und Beseitigung von Barrieren

Micale et al. (2015) schlagen vor, dass Energieeffizienz-Instrumente auf SSA-Länder mit einer Versicherungspolitik ausgerichtet werden, um andere Energieeffizienz-Initiativen zu ergänzen. Um den Innovationsgrad zu bewerten, müssen die potenziellen

Umsetzungsprozesse mit bestehenden Programmen verglichen werden, die auf ähnliche Sektoren der Energieeffizienzmärkte abzielen. Innovative Strategien zur Risikobeseitigung sind erforderlich, um die Schwachen in der Gesellschaft zu unterstützen. Solche innovativen Maßnahmen sollten ein Versicherungsüberprüfungsmechanismus durch Dritte und ein Standardleistungsvertrag sein, der von einer anerkannten unabhängigen Partei entworfen und umgesetzt wird, um die Marktsicherheit zu erhöhen und die Nachfrage nach Investitionen in erneuerbare Energien und Energieeffizienz zu fördern. Die Validierung durch eine dritte Partei und ein unabhängiger und standardisierter Leistungsvertrag werden den Zeitrahmen für rechtliche Konflikte verringern.

14.1.2 Hindernisse, die indirekt oder teilweise durch das Instrument und die Komponenten angegangen werden

Aus der Sicht von Micale et al. (2015) sollte die Finanzierung von Energieeffizienz und erneuerbaren Energien nicht, wie gesetzlich vorgeschrieben, auf der Kreditwürdigkeit der Kunden in der Bilanz basieren. Die Versicherungspolice sollte so gestaltet sein, dass sie erhebliche Auswirkungen auf die Darlehensfinanzierung im Zusammenhang mit dem Solar- oder Erneuerbare-Energien-Projekt hat, das über eine Zweckgesellschaft (SPV) vollständig bilanzunwirksam wird, oder ein umfassendes Risikominderungsinstrument als Alternative zur Bewältigung der von den Banken wahrgenommenen Risiken.

Kapitel 15

15.1 Kapitalquellen

Matsui, Richard & Malaya Nicholas (2014) zeigen auf, wie Solarunternehmen eifrig die institutionellen Kapitalmärkte für ihre Geschäftsexpansion erkunden. Viele Solarunternehmen sind derzeit auf der Suche nach Eigenkapital, Projektfremdfinanzierung und Steuerkapital aus einem breiteren Kapitalpool, wie z. B. den Asset-Back-Lending-Märkten. Um das Risiko zu maximieren, müssen die Unternehmen Verbriefungen vornehmen, indem sie das alte Finanzierungsmodell - Hypothekendarlehen an Endverbraucher - in Betracht ziehen, bei dem die Banken den Solarinstallationsunternehmen im Voraus Geld zur Verfügung stellen und im Gegenzug stabile, langfristige Cashflows mit der Immobilie als Sicherheiten erhalten. Eine wirtschaftliche Variable ist die Bindung von Installationen in Zusammenarbeit mit den Kunden von Immobilienentwicklern im Rahmen einer Kaufhypothekenvereinbarung. Die mit diesem Modell verbundene Risikovariable ist die Garantie einer nachhaltigen Energieversorgung durch die installierte Solaranlage. Dies setzt voraus, dass die Anlagen den internationalen Konformitätsstandards entsprechen. Sobald die Installation den internationalen Normen entspricht, werden die Module für einen bestimmten Zeitraum zwischen 20 und 30 Jahren garantiert. Dies schafft Vertrauen bei den Investoren für Investitionen auf der Grundlage von indikativen Cashflows.

15.1.1 Öffentliche Finanzierungen

Aus der Sicht von Crossley, Penelope J. (2013) könnte Solarenergie billiger werden, wenn die Regierungen unter Berücksichtigung der externen Umweltauswirkungen Finanzmittel bereitstellen können. Die externen Effekte können durch kleine Prämien internalisiert werden, um die Nutzung von Solarenergie in verschiedenen Kapazitäten zu fördern. Eisen (2010) weist darauf hin, dass derartige Anreizprogramme allein die Solarenergie für den Endverbraucher nicht attraktiv machen können; Faktoren, die den Endverbraucher ermutigen können, sind jedoch die Eigenschaften der Erzeugung, Übertragung und Verteilung, die den Strom ins Haus bringen. Die Nachhaltigkeit der Versorgung und die Preisgestaltung sind weitere Faktoren oder Eigenschaften, die Kunden in Betracht ziehen, wenn sie bereit sind, Solarenergie zu nutzen. Obwohl Solarenergie heute kostspielig ist, sind die Stromkosten im Vergleich zu konventioneller Energie, die mit fossilen Brennstoffen erzeugt wird, nachhaltig.

Kapitel 16

16.1 Ressource Innovation

Monk, Ashby et al. (2015) zeigen auf, wie gewinnbringend Nationen von Solarenergie profitieren können, die den globalen Klimawandel durch Treibhausgasemissionen aus vom Menschen verursachten industriellen Prozessen begrenzt. Die Forschung zeigt, dass Elektrizität, Verkehr, Wärme aus Gewerbe- und Wohngebäuden, die Herstellung von Chemikalien und Zement, Öl- und Gasförderung, Raffination und Verarbeitung, Landnutzungsänderungen wie Abholzung, landwirtschaftliche Praktiken wie Viehzucht und Bodenbewirtschaftung auf Mülldeponien usw. die wichtigsten Treibhausgasemittenten sind. Wenn die Länder der SSA jedoch die Nutzung der Solarenergie fördern können, werden die Treibhausgasemissionen erheblich reduziert. Wie bereits erwähnt, sind Treibhausgasemissionen ein globales Phänomen, das eine kollektive Zusammenarbeit zwischen den Industrieländern und den Entwicklungsländern erfordert, die die Hauptleidtragenden der Folgen des Klimawandels sind.

Kapitel 17

17.1 Konzessionsgebundenes Kapital

Monk, Ashby et al. (2015) weisen darauf hin, dass die Ressourceninnovation und darüber hinaus in vielen Sektoren konzessionäres Kapital zur Finanzierung solcher Projekte mit höherer Kapitalrendite (ROI) eingesetzt hat. Die konzessionierten Darlehen werden grundsätzlich für langfristige Investitionsprojekte (LTI) mit zwei Methoden verwendet:

Stiftung: Ein Mechanismus, der auf programmbezogenen Investitionen (PRI) basiert. PRI-Projektinvestitionen kanalisieren einen Zuschuss von 5 % der Betriebskosten an ein gewinnorientiertes Unternehmen, das programmbezogene Arbeit leistet.

Jeder Spender: Die meisten Einzelpersonen, Haushalte, Stiftungen, Unternehmen usw. können philanthropische Investitionen tätigen, entweder durch steuerlich absetzbare Zuschüsse an das Solarinstallationsunternehmen. Solche Spender haben das Recht, ihre Investitionen aus den finanziellen Erfolgen der Unternehmen zurückzubekommen.

Derzeit sind viele Kapitalmärkte auf der Suche nach praktischen Infrastrukturinvestitionen wie Solarprojekten mit einzigartiger Technologie. Die Regierungen der SSA-Länder sollten in Erwägung ziehen, einen bestimmten Teil ihres Budgets in solare Infrastrukturinvestitionen zu investieren. Es gibt mehrere milliardenschwere Infrastruktur-Investitionsfonds, die die Regierungen nutzen können, um gezielt in solare Infrastrukturanlagen zu investieren, um bestehende Energiedefizite auszugleichen.

17.1.1 Obligatorische Besteuerung

Ein Faktor, der bei diesem Szenario in Betracht gezogen werden sollte, ist die obligatorische Besteuerung von Infrastrukturanlagen für die umweltschädlichsten Unternehmen, wie z. B. Hersteller und Verkäufer von Chemikalien, petrochemische Unternehmen - Raffinerien, Zementfabriken, Elektrizitätsunternehmen (Bereitstellung von 2 % Solarenergie im gesamten Stromerzeugungsmix), Verkehrsunternehmen und die Verpflichtung zur Nutzung der gesamten Solarenergie für Immobilien außerhalb von Städten, in denen keine konventionelle Energie verfügbar ist.

17.1.2 Staatliche Fonds

Regierungen können Kapital in ihre eigenen inländischen Märkte leiten, um wettbewerbsfähige finanzielle Erträge zu erzielen. Mittel, die in angemessener Weise an seriöse (professionelle) Unternehmen weitergeleitet werden, werden eine deutlich zweistellige interne Rendite (IRR) erzielen. Ein angemessener Einsatz von Mitteln für einheimische Unternehmen würde durch die Einstellung von Fachkräften und die Ausbildung von mehr Fachkräften für Solaranlagen nachhaltige Arbeitsplätze schaffen (Monk, Ashby et al. 2015).

17.1.3 Eine Grundlage für Anreize

Auf welcher Grundlage verdienen die Versorgungsunternehmen Anreize, um ordnungsgemäß zu funktionieren? Die Antwort fällt je nach Technologie unterschiedlich aus. Die Aufteilung der Netzkosten ist eine komplexe Aufgabe, die einen Ausgleich für die effektive Nutzung erfordert. Anreize im wirtschaftlichen Sinne werden als motivierende

Aktivitäten betrachtet, die den Wunsch der Kunden nach einer effizienten Leistungserbringung oder der Fähigkeit, mehr zu kaufen, fördern. Laut Sakhrani, Vivek & Parsons, John E. (2010) helfen Anreize bei der Umstrukturierung der Marktvorteile im Elektrizitätssystem durch gut koordinierte vertikal integrierte Systeme. In umstrukturierten Elektrizitätssystemen sind die Unternehmen unabhängige Netzbetreiber in einem marktwirtschaftlichen Rahmen; Solarsysteme arbeiten in einem getrennten Energieverteilungssystem für die Endverbraucher. Voraussetzung für Solarstrom ist ein geeigneter Anreizrahmen von der Erzeugung über die Verteilung bis hin zum Endverbraucher.

17.1.4 Anreizgesteuerte Mechanismen

Es gibt verschiedene Anreizmechanismen, die für interessierte Hausbesitzer geeignet sind. Ein solcher Mechanismus muss laut (Eisen 2010) vier wichtige Probleme angehen, um den Einsatz von Solarenergie in Städten und auf dem Land zu erhöhen. Das erste Problem sind die hohen Vorlaufkosten für Solaranlagen und die Amortisationszeiten, das zweite die Transaktionskosten im Zusammenhang mit Solaranlagen und die Bewertung der geeigneten Technologie und das dritte die Betrachtung der Solarindustrie und der Dezentralisierungsstruktur. Bei der Einführung von Solarenergie für Privathaushalte müssen die Umsetzer die Größenvorteile berücksichtigen. Ein gut ausgebildetes Fachwissen für eine nachhaltige Energieversorgung ist in der Solarenergietechnik unerlässlich. Die Langlebigkeit der verwendeten Materialien wird dazu beitragen, dass der Endverbraucher im Vergleich zu konventioneller Energie wirtschaftlich profitiert. Das vierte Problem besteht darin, dass die SSA-Länder nicht in der Lage sind, interessierten Unternehmen Anreize zu bieten, um die potenziellen regulatorischen Größenvorteile zu nutzen. Es sollte eine Liberalisierung des regulatorischen Umfelds für erneuerbare Energiesysteme geben, indem die Kommunen verpflichtet werden, interessierten Solarunternehmen eine einfache Lizenzierung und Genehmigung zu erteilen. Eisen (2010) bietet eine innovative Vertriebslösung an, um eine "disruptive" Solartechnologie zu erreichen. Disruptive Technologie bedeutet, dass alte Technologien durch eine innovative Technologie ersetzt werden, um die Kosten zu senken und die atmosphärischen Treibhausgasemissionen zu reduzieren. Innovative Technologien, die die Kosten senken und die Leistungsfähigkeit erhöhen, sind für die Länder in SSA wichtig. Um diese innovativen technologischen Antriebe zu erreichen, bedarf es staatlicher Unterstützung mit Anreizmechanismen zur Förderung von Investitionen des Privatsektors und der Forschung, um Größenvorteile zu erzielen (Eisen 2010).

Weismantle, Kyle (2014) empfiehlt den SSA-Ländern, Kreditfazilitäten in Höhe von 30 % für Nicht-Haushaltsanlagen zu gewähren. Diese Fazilität würde mehr Nichtwohngebäude für PV-Solaranlagen interessieren. Weismantle (2014) ermutigt die Regierungen der SSA-Länder außerdem, Steuergutschriften für Solarprojekte und Hersteller von Solartechnologie zu gewähren. Sobald solche Initiativen umgesetzt sind, würde dies ausländische Direktinvestitionen in die Herstellung von Solarmodulen anziehen und mehr Arbeitsplätze schaffen.

17.1.5 Nachfragemodell

Lobel und Perakis (2011) raten, dass die Technologie mit einer Änderung des Kundenverhaltens eingeführt werden sollte. Es müssen Anreize für die Wahl zwischen konventioneller und Solarenergie geschaffen werden, damit die Kunden diese bevorzugen. Der vorgesehene Tarif soll in erster Linie den Eigentümern der Technologie zugute kommen; die Endnutzer würden jedoch mehr Kunden anziehen, wodurch die Treibhausgasemissionen und die Energiekosten allgemein gesenkt würden. Die SSA-Länder müssen bei der Verwendung komplexer Modelle, die sowohl die Anreize für die Kunden als auch die Anreize für die Energieversorger berücksichtigen, auf Probleme bei der Schätzung und Nachvollziehbarkeit achten. Tarifpolitische Modelle müssen die technologische Effizienz berücksichtigen, um mehr Kunden anzulocken und dadurch die Kosten für diese Technologie zu senken - ein Lerneffekt durch Handeln. Laut Micale et al. (2015) ist die Objektivität von SSA-Energielösungen eine Frage des Technologieeinsatzes und der Kosten. Lobel und Perakis (2011) beobachteten in ihrer empirischen Studie einen konvexen Tradeoff zwischen Adoptionszielen und Subventionskosten, um die Kosten von Anpassungszielen zu quantifizieren. Lobel und Perakis (2011) empfehlen die Verwendung eines gezielten Basisadoptionspfads, indem sie die Kosten durch eine Erhöhung der frühen Subventionen und eine Senkung der künftigen Subventionen senken.

17.1.6 Modell der Verbraucherwahl

Lobel, Ruben & Perakis Georgia (2011): Die deutliche Verbesserung der PV-Technologie in den letzten zehn Jahren hat dazu geführt, dass Privatkunden mit Hilfe von Programmen des öffentlichen Dienstes preiswerte Aufdach-Solarmodule erhalten. Design und Technologie in der Solartechnik sind wesentliche Elemente, die Ingenieure berücksichtigen müssen. Um die Energieknappheit in den SSA-Ländern zu beheben, müssen die Ingenieure den Nutzen ihrer Installation für die Endverbraucher berücksichtigen. Die Regierungen in den SSA-Ländern müssen die Professionalität bei der Installation von Rabatten, Einspeisetarifen oder Subventionsdarlehen einbeziehen.

Die politische Empfehlung wäre der "Learning-by-doing-Effekt", der grundsätzlich zu höheren Vorabanreizen und einem schnelleren Ausstieg führt. Dieses Anreizszenario sieht vor, dass die Zielvorgabe für die Einnahmen an die Erzeugungskapazität zum gegebenen Zieldatum geknüpft wird - eine angestrebte Einnahme von 200 Mio. USD über einen Zeitraum von 10 Jahren muss der Erzeugungskapazität von 100 MW im selben Zeitraum entsprechen. Dieses Szenario-Optimierungstool schlägt vor, dass im gleichen Zeitraum Nettoeinsparungen erzielt werden, während gleichzeitig das gleiche prognostizierte Anpassungsniveau erreicht wird. Eine solche Externalität ist nach (Lobel, Ruben & Perakis Georgia 2011) der Learning-by-Doing-Effekt, der die Kosten im Anschluss an den Anpassungsprozess reduziert. Mehrere Forscher wie (Harmon 2000; IEA 2000; McDonald & Schrattenholze 2001; Nemet 2006; Bhandari & Stadler 2009) in Lobel und Perakis (2011) haben die Auswirkungen des Learning-by-Doing-Effekts eingehend untersucht und seine erheblichen Auswirkungen auf die Solarenergiewirtschaft festgestellt.

Wiseman & Bronin (2013) stellten fest, dass es drei Herausforderungen gibt, um den Ausbau der erneuerbaren Energien auf Gemeindeebene in den SSA-Ländern voranzutreiben. Gemeinschaftssolarprojekte müssen in bewohnten Gemeinden angesiedelt sein, um den Kauf, die Installation und die Rentabilität der Nutzung zu regeln. Zweitens müssen die Unternehmen Kriterien für die Installation und Überwachung der Anlagen festlegen, um die Endverbraucher effektiv mit Energie zu versorgen, und drittens müssen die Endverbraucher über die Kostenvorteile der Solarenergie im Vergleich zu konventioneller, aus fossilen Brennstoffen erzeugter Energie aufgeklärt werden.

Chintagunta, Pradeep K & Nair Harikesh S (2010) weisen auf die Bedeutung der Nachfrageanalyse als zentralen Punkt bei der Vermarktung von Solarenergie hin. Die Autoren raten, Nachfragemodelle zu verwenden, um die Stromlieferung an die Kunden in Übereinstimmung mit den verfügbaren Strategien zu prognostizieren. Die Solartechnik erfordert, dass positive Nachfragemodelle als Testtheorien für die Reaktion der Verbraucher und als Quantifizierer im Wettbewerbsumfeld eingesetzt werden. Die Verbreitung von Daten, der Kontext und die Motivation können eine wichtige Rolle bei der Wahl der Nachfragemodelle durch die Kunden in Bezug auf die Immobilie (Solaranlage) und den Verwendungszweck spielen. Chintagunta, Pradeep K & Nair Harikesh S (2010) rieten den Solaringenieuren außerdem, Ideen aus der Mikroökonomie, Psychologie, Statistik und Soziologie als ihre Marketingstärken in die Modellierung der Verbrauchernachfrage einzubeziehen. Dieser Ansatz wird einen Vorsprung bei der Analyse der Kundennachfrage für künftige Absatzprognosen zur Bestandsplanung und zum Verständnis der Gewinnfolgen potenzieller Marktstrategien bringen.

Chandukala, Sandeep R et al. (2008) stellten fest, dass die Wahl der Verbraucher die größte Herausforderung für die Forschung im Bereich der Vermarktung von Solarenergie darstellt. Aus der Sicht der Verhaltensökonomie gibt es viele verschiedene Arten und Formen der Wahl; sie kann diskret bei der Technologieauswahl oder kontinuierlich bei der Auswahl mehrerer Produkte sein. Sorgfältige Überlegungen, Gewohnheiten oder spontane Reaktionen der Kunden auf Technologievariablen sind Schlüsselfaktorelemente für Regulierungsbehörden, Ingenieure und Techniker in den SSA-Ländern, die als Standardkonzept für Kompromisse, die kompensatorisch sein können oder auch nicht, zu beobachten sind.

Kapitel 18

18.1 Intelligentere Steueranreizmechanismen für erneuerbare Energien in SSA

Aus der Sicht von (Mormann, Felix 2014) sind steuerliche Anreizmechanismen seit mehr als zwei Jahrzehnten die wichtigste Säule hinter den Erfolgsgeschichten der Technologien für erneuerbare Energien. Bei diesen Anreizmechanismen gibt es zwei verschiedene Instrumente, die die SSA-Länder in Betracht ziehen können, wie z. B.: Beschleunigte Abschreibungssätze und Steuergutschriften. Wilson, M. (2007) stellt fest, dass die Notwendigkeit eines Ausgleichs Anreize für die Innovationskosten von Gebäudeeigentümern schafft, um die Energieeffizienz zu maximieren. Beschleunigte Abschreibungssätze sind für Kapitalanlagen gedacht, um das Wirtschaftswachstum anzukurbeln und im Großen und Ganzen Solar-, Wind- und andere erneuerbare Anlagen zu fördern (Mormann, Felix 2014). Wilson, M. (2007) schlägt den Ländern der südlichen und östlichen Hemisphäre vor, Anreize für Gebäudeeigentümer zu schaffen, die durch eine bessere Planung erhebliche Energieeinsparungen für ihre Wirtschaft erzielen. Nach Angaben des Autors führte eine Investition von 10 Mio. USD als Anreiz für besseres Design zu geschätzten 8,6 Mio. USD an jährlichen Energiekosten für das Gebäude. Aufgrund dieser erheblichen Einsparungen sollten die SSA-Länder die Einführung von Anreizprogrammen für neue Gebäude in Betracht ziehen.

Mormann Felix (2014) zeigt empirisch auf, wie externe Effekte es fossilen Kraftwerken, Kohle- und Gaskraftwerken ermöglichen, Strom zu niedrigeren Preisen zu verkaufen als erneuerbare Kraftwerke. Diese Erkenntnisse machen es erforderlich, dass der Einsatz erneuerbarer Energien durch regulatorische Maßnahmen unterstützt wird, um gleiche Wettbewerbsbedingungen zu schaffen. Wood, Lisa (2010) empfiehlt, die Anreize für Versorgungsunternehmen mit Investitionen in die Energieeffizienz von Gebäuden anhand der folgenden Kriterien in Einklang zu bringen:

• Direkte Kostendeckung, bei der die Versorgungsunternehmen ihre direkten Ausgaben für die Programmverwaltung, -durchführung und Kundenanreize zurückerhalten können.

• Deckung der Fixkosten oder der entgangenen Gewinnspanne durch sinkende Stromverkäufe aufgrund von Effizienzprogrammen und

• Leistungsanreize, um durch EE-Investitionen gleiche Bedingungen für angebots- und nachfrageseitige Investitionen zu schaffen.

Mormann (2014) empfiehlt Investitionssteuergutschriften (ITC) für die Finanzierung von Solaranlagen und anderen erneuerbaren Energiequellen. Produktionssteuergutschriften (Production Tax Credits, PTC) zur Belohnung von Windenergieanlagen und anderen erneuerbaren Energiequellen. Mormann (2014) empfiehlt den SSA-Ländern jedoch, bei der Nutzung von Steuergutschriften, beschleunigten Abschreibungssätzen und anderen Steueranreizen Vorsicht walten zu lassen. Um die steuerlichen Anreize auszugleichen, ist eine ausreichende Steuerpflicht erforderlich, z. B. ein zu versteuerndes Einkommen. Bei der Gestaltung der Politik der SSA-Länder muss jedoch die lange Lebensdauer erneuerbarer Energien von 10 bis 30 Jahren berücksichtigt werden, damit die Projektentwickler die steuerlichen Anreize für die künftige Nutzung nutzen können, bevor steuerpflichtige Gewinne erzielt werden.

Weismantle, Kyle (2014) warnte die SSA-Länder eindringlich davor, die Einspeisetarife zu moderieren, um den Zustrom von Unternehmen einzudämmen, die die Tarife nutzen, um den lokalen Markt mit minderwertigen Waren zu überschwemmen, die die Ziele der Erbringung qualitativ hochwertiger Dienstleistungen auf lange Sicht gefährden könnten.

18.1.1 Die Investitionssteuergutschrift

Laut Mormann (2014) müssen die politischen Entscheidungsträger im Bereich der Solarenergietechnologie den Einsatz der Solarenergie durch eine attraktive Politik fördern, die von lokalen und ausländischen Investoren in Betracht gezogen werden kann. Die SSA-Länder müssen Steuergutschriften für Investitionen sorgfältig prüfen, um Investitionen in die Solarenergie als alternative Energiequelle anzuziehen und den Investitionsbedarf für konventionelle Elektrizität zu verringern. Für die Solarenergie gibt es verschiedene attraktive Investitionspakete, die Investoren leicht für Direktinvestitionen an jedem Standort in SSA nutzen können. Dank beträchtlicher Investitionsanreize können Investoren leicht in erneuerbare Technologien wie Solarenergie, Geothermie, Kraft-Wärme-Kopplung (KWK) und kleine Windenergieprojekte investieren. Investitionssteuergutschriften für Endverbraucher von erneuerbaren Energien wären ein lohnender Faktor für die tatsächliche Stromerzeugung. Eine Investitionssteuergutschrift in Höhe von zehn Prozent kann Investoren für die Erzeugung kleiner Wind- und Solarenergieprojekte in verschiedenen Teilen der SSA anlocken. Fünf Jahre nach Aufnahme des kommerziellen Betriebs beginnt das Projekt bereits im ersten Jahr Gewinne zu erwirtschaften. Ein Eigentumsübergang vor Ablauf der fünf Jahre führt dazu, dass der noch nicht ausgezahlte Teil der Gutschrift wieder eingezogen wird. Die Lebensdauer von Solarenergieanlagen liegt zwischen 20 und 30 Jahren, wenn sie ordnungsgemäß installiert und überwacht bzw. gewartet werden. Bei einer Eigentumsübertragung nach zwei Jahren müssen 60 % der gesamten Investitionskosten bei Inbetriebnahme des Projekts erstattet werden.

Kapitel 19

19.1 Net Metering

Weismantle Kyle (2014) empfiehlt den Einsatz von Net Metering, wenn die Nachfrage nach Solarenergie steigt. Mit diesem Verfahren wird das Energieverbrauchsverhalten jedes Einzelnen im Rahmen des Systems ermittelt. Mit dem Net-Metering wird auch das eingesparte CO_2 für jeden Haushalt ermittelt.

Kapitel 20

20.1 Programme des Mechanismus für umweltverträgliche Entwicklung.

Seres, Steven (2008) empfiehlt den SSA-Ländern Programme zur Finanzierung des Technologietransfers im Rahmen des Mechanismus für umweltverträgliche Entwicklung (CDM) zur Emissionsminderung. Das CDM-Programm nutzt Technologien, die in den SSA-Ländern noch nicht vorhanden sind. CDM-Programme sind im Energiesektor, im Deponiebereich und in verschiedenen Bereichen der Treibhausgasemissionen anwendbar. Vasa, Alexander & Neuhoff, Karsten (2012) erinnern die SSA-Länder an die Ziele des CDM-Programms, das wirtschaftliche, soziale und ökologische Aspekte umfasst, um den Übergang der Entwicklungsländer zu einer kohlenstoffarmen Reduktion im Bereich von 50-80 % der globalen Treibhausgasemissionen zu unterstützen. Die Autoren empfehlen den SSA-Ländern außerdem, die regulatorischen und institutionellen Strukturen anzugleichen, um Investoren für erneuerbare und energieeffiziente Produktionsanlagen zu gewinnen, die den Übergang zu einem kohlenstoffarmen Pfad ermöglichen. Laut Vasa & Neuhoff (2012) wurden im Rahmen des CDM etwa 2.500 Projekte mit einem erwarteten THG-Ausstoß von schätzungsweise 1,9 Milliarden Tonnen registriert, wobei die EU etwa 1 Milliarde CER zur Verwendung in 20082012 abgerufen hat. Es gibt verschiedene CDM-Kategorien, aus denen die SSA-Länder wählen können. Die registrierten CDM-Projekte für erneuerbare Energien machen etwa 61 % aus, gefolgt von Projekten zur Reduzierung von Methan mit 23 %. Im Jahr 2012 machten die Emissionsreduktionen in den drei Projektkategorien Industriegase (38 %), erneuerbare Energien (29 %) und Methanprojekte (19 %) insgesamt 86 % der gesamten registrierten Emissionsreduktionsprojekte aus. Diese Statistik zeigt deutlich, wie wichtig CDM-Projekte für die Länder der südlichen Hemisphäre durch innovative Technologien sein können.

20.1.1 Solar-PV-KWK-Systemauslegung (Dreiergeneration)

Aus der Sicht von Nosrat, Amir und Pearce, Joshua, M (2011) können SSA-Länder mit der Kombination von PV und kleinen Kraft-Wärme-Kopplungssystemen 100 % Energieertrag erzielen und nicht nur 45 % mit PV-Panelsystemen als verbesserte technologische Innovation. Um diese Gewinne zu erzielen, müssen die Ingenieure die Abfälle aus der überschüssigen Wärme, die von diesen beiden Systemen erzeugt wird, durch eine Absorptionskältemaschine reduzieren, um die in der KWK erzeugte Wärmeenergie aus der Kühlung des PV-KWK-Systems zu nutzen. Die Dispositionsstrategie kann für die Lastkategorien Kühlung, Brauchwassererwärmung, Stromerzeugung und Raumkühlung verwendet werden. *Abbildung 20.1 zeigt das Blockdiagramm des PV-KWK-Systems*

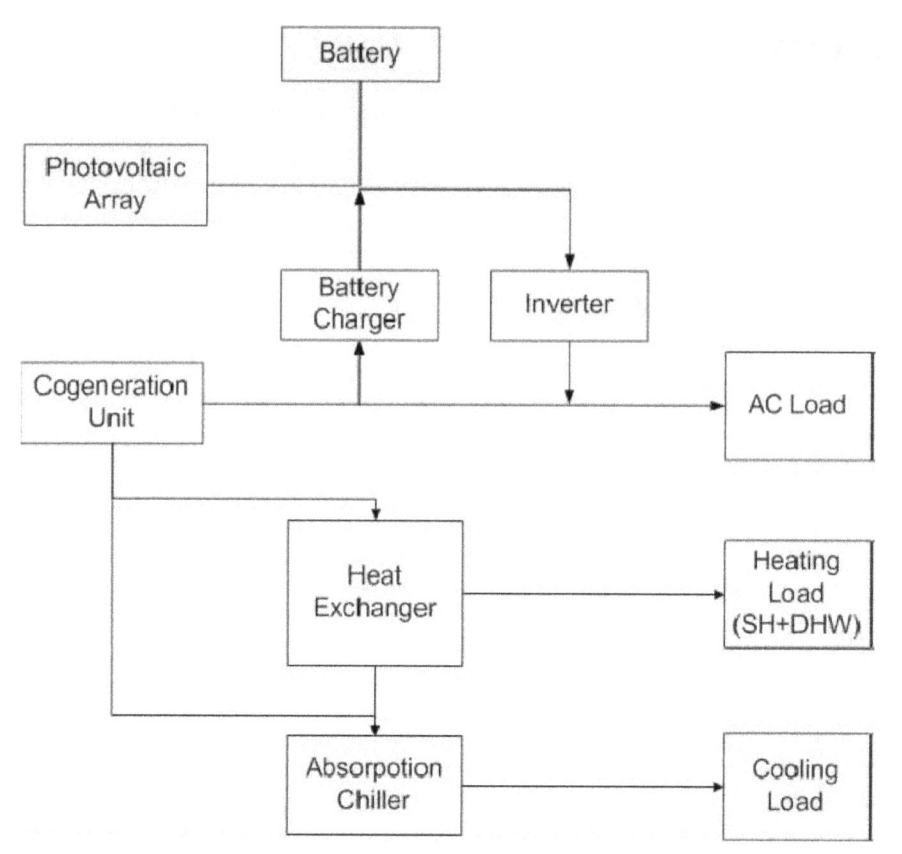

Abbildung 20.1 Blockdiagramm eines PV-KWK-Systems Quelle: (Nosrat und Pearce2011)

Nosrat und Pearce (2011) stellen eine Dispatch-Strategie vor, die darauf abzielt, das System so zu steuern, dass die Lastanforderungen für Warmwasserbereitung, Kühlung und Beleuchtung effizient erfüllt werden. Um die überschüssige Stromerzeugung aus Solarsystemen zu reduzieren, muss der Schwerpunkt auf der Aufrechterhaltung der Systemautonomie liegen, um eine 100%ige Netzzuverlässigkeit zu gewährleisten.

Kapitel 21

21.1 Elektrizitätssektor (Wasserkraft)

Innovationen in der Stromerzeugung ziehen Anreize für Investoren an, wie z. B. das CDM-Programm. Kleinstwasserkraftwerke werden im Rahmen der CDM-Programme mit staatlicher Unterstützung gefördert. Strom, der aus innovativer Mini-Wasserkraft oder größeren Wasserkraftwerken mit speziellen innovativen Technologien im Rahmen eines CDM-Programms erzeugt wird, wird als nachhaltige Entwicklungsprojekte bezeichnet. Nach Angaben des UNEP (2008) beläuft sich die installierte Wasserkraftkapazität in Brasilien auf mehr als 100 GW, von denen 2 % auf Mini-Wasserkraftwerke entfallen, die im Rahmen des CDM gefördert werden. Die Emissionsreduzierungen aus diesen Mini-Wasserkraftwerken mit einer Lebensdauer von 50-70 Jahren sind mit langfristigen Emissionsreduzierungszielen messbar. Laut UNEP (2008) verringert das CDM-Programm die mit den Anreizen zur Emissionsreduzierung verbundenen Risikofaktoren. Der CDM wirkt sich positiv auf die Zahl der Investoren aus, die sich für Mini-Wasserkraftwerke, Energieaudits, Infrarot-, Solar- und Windenergie interessieren.

22.0 Netz - Konventionelle Elektrizität Diskrepanzen

Es gibt viele Diskrepanzen im Netz wie bei der Gestaltung konventioneller Stromverteilungssysteme. Vielen SSA-Ländern mangelt es an Effizienz bei der Entwicklung effektiver Sparmethoden zur Erzielung von Größenvorteilen für ihre Unternehmen, was zu großen Defiziten in ihren Finanzbüchern führt.

Kapitel 22

22.1 Megawatt-Meile oder Vertragspfad

Sakhrani, Vivek & Parsons, John E. (2010) beobachteten diskretionäre Übertragungskosten bei konventionellen Energieübertragungsmaßnahmen zwischen dem Leistungsfluss des Generators und dem Verbraucher, während Kostenmaßnahmen bei Solarenergie entweder vom Knotenpunkt zum Kunden oder direkt von den installierten Modulen durchgeführt werden. Das Knotenpunktsystem reduziert die Endverbraucherkosten für die von den einzelnen Anlagen verbrauchte Energie und nicht die Durchschnittskosten des gesamten Netzes, wie es beim konventionellen System der Fall ist. In Bezug auf den konventionellen Aspekt des Energieverteilungsnetzes stellten Sakhrani & Parson (2010) fest, dass der physikalische Pfad des Stromflusses von den Kirchhoff'schen Gesetzen des angenommenen Vertragspfades abweicht, was ein annäherndes Netzinstrumentenmodell auf Verteilungsebene erfordert, um die Grenzkosten bestimmter Nutzer zu bestimmen. Nach Sakhrani & Parson (2010) wird durch den Einsatz eines solchen Modells in der Solarenergie versucht, den wirtschaftlichen Wert der Netzanlagen für verschiedene Kunden zu schätzen, indem die physikalischen Leistungsflüsse, die Gerätekapazität, der Standort der Netznutzer, Lastschwankungen und Engpässe als zusätzliche Phänomene bei der Integration bestimmt werden. Die Topographie des Integrationssystems wird das bestehende Netz mit den entsprechenden Lasten und Erzeugern erfassen und das gesamte System nachhaltig gestalten. Sobald die Integrationssysteme im Referenzmodell implementiert sind, wird die Komplexität des Netzes durch die Bewertung der Energieverteilung durch Vergleich mit den Modellergebnissen der bestehenden Netzbedingungen berücksichtigt.

Kapitel 23

23.1 Arten von Tarifen

Sakhrani, Vivek & Parsons, John E. (2010) beobachteten bei der Stromverteilung in SSA einflussreiche Gebührenmechanismen oder Tarifstrukturen, die zur Deckung der Kosten für die Stromlieferung an die Verbraucher verwendet werden. Die Verteilungsunternehmen kaufen die Energie im Namen der Endverbraucher und geben die entstehenden Kosten an die Kunden weiter, während bei der Energieerzeugung keine direkten Kosten anfallen. Dieser Prozess macht den Energieverbrauch für den Endverbraucher relativ teuer. In einem deregulierten System hingegen wählen die Kunden oder Endverbraucher einen wettbewerbsfähigen Endkundenpreis oder handeln diesen aus. Dieses System eignet sich ideal für die SSA-Länder, um die Einführung von Solarenergie auf Dächern in Betracht zu ziehen, um das Defizit auszugleichen und sie für die Endverbraucher relativ billig zu machen, wenn die Kosten von den netzbezogenen Lieferkosten getrennt sind. Diese Trennung kann zu zwei Arten von Tarifen führen:

- Netz- oder Zugangstarif - netzbezogene Kapital- und Betriebskosten.

- Integraltarif - Energiekosten und netzbezogene Betriebs- und Kapitalkosten mit der Formel - Integraltarif = Netztarif + Energiekosten, wie *in Abbildung 23.1 unten dargestellt*

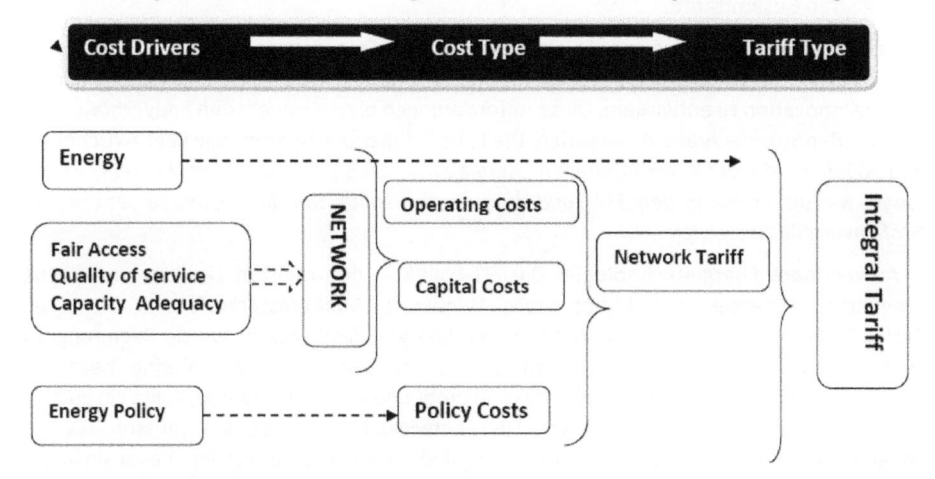

Abbildung 23.1 Regulatorische Faktoren und Kostenkategorien, die sich auf die Tarifarten auswirken - modifiziert durch den Autor

Die Tarife für Solarenergie in Gemeinden, auf Dächern oder in Netzen fallen unter die Kategorien Netz und Kosten. Diese beiden Faktoren machen die Solarenergie wettbewerbsfähiger gegenüber konventionellem Strom, der alle Kategorien von Tarifarten umfasst, die einen Einfluss haben. Der integrale Tarif ist eher in regulierten Systemen oder im Prozess der Umstrukturierung zu beobachten. Im konventionellen Stromsystem können die Kunden in einem vollständig regulierten System ihre Energieart nicht wählen. Kunden von Aufdach-Solaranlagen haben jedoch die Möglichkeit, zu einem anderen Energieversorger zu wechseln (Sakhrani & Parsons 2010).

23.1.1 Gestaltung von FiT in SSA-Ländern

Aus der Sicht von Groba, Felix et al. (2011) wurde FiT als die beliebteste Unterstützung für erneuerbare Energiesysteme (EE) in den europäischen Ländern empfohlen. Die Autoren haben die Notwendigkeit erkannt und weisen auf die Notwendigkeit hin, die FIT so zu gestalten, dass sie zu den einzelnen Politiken passen und eine einzigartige Struktur aufweisen.

Groba et al. (2011) empfahlen FIT-Maßnahmen in einer Reihe der folgenden Merkmale:

- **Festpreis vs. Prämientarif**: Die SSA-Länder können ihre FIT auf der Grundlage eines Festpreistarifs strukturieren, um die Einspeisung der Energieerzeugung in das Netz zu gewährleisten. Der Prämientarif hingegen fügt dem Gesamtmarktpreis für die Erzeuger einen Bonus hinzu. Die Lieferung von Energie auf dem Dach direkt an den Kunden könnte unter den Preis der Kohlenstoffobergrenze fallen, da die Preise für die Kunden pro Watt der auf Gemeindeebene erzeugten Energie gesenkt werden.

- **Kostenzuweisung**: Sowohl bei Solarstrom als auch bei konventionellem Strom schließt der Erzeuger mit der nationalen Netzbehörde einen Vertrag über die Einspeisung der erzeugten Energie ab. Die Gebühr für die Energie wird aus dem Staatshaushalt bezahlt. Um eine Überlastung zu vermeiden, raten Groba et al. (2011) zu einer Begrenzung der jährlich verfügbaren Gesamttarife.

- **Vertragsdauer**: Die Dauer der FIT-Zahlungen an die Erzeuger variiert je nach Politik. Für die SSA-Länder ist es ratsam, Strategien für die Laufzeit der Anlagen, die Energietechnologie und die Innovation zu entwickeln. Diese Anforderungen bieten sowohl den Endverbrauchern als auch den Stromerzeugern Garantien. Die Lebensdauer der Solarenergie liegt zwischen 25 und 30 Jahren, die der konventionellen Energie zwischen 30 und 40 Jahren. *Es stellt sich die Frage, wie die Politik in den SSA-Ländern aussehen sollte, um die Kosten zu senken und Größenvorteile zu erzielen.*

- **Anwendbare Energietechnologie:** Die FIT-Politik in den meisten Ländern unterstützt erneuerbare Energien wie Photovoltaik, Windkraft, Mini-Wasserkraft und Biomasse. Technologie und Innovation bei erneuerbaren Energien sind sowohl für die Regierung als auch für die Endverbraucher von entscheidender Bedeutung. Wenn eine bekannte Technologie in anderen Ländern erfolgreich erprobt und eingeführt wurde, sollte sie auch in den SSA-Ländern akzeptiert werden. Neu entwickelte Technologien müssen bis zur endgültigen Genehmigung durch die Regierungsbehörden getestet werden, bevor sie in das FIT-System aufgenommen werden.

- **Höhe des Tarifs:** Dies ist ein entscheidender Faktor, der differenziert werden muss, um Kostenvorteile sowohl für den Erzeuger, die Regierung als auch den Endverbraucher zu erzielen. Die wichtigsten Faktoren, die vor der Ausarbeitung der Strategie berücksichtigt werden müssen, sind die Erzeugungskosten, der Standort, die Größe des Systems, der Empfangsteil und der Zweck des Gebäudes.

- **Degressionsrate:** Nach Groba et al. (2011) verfügen die meisten FIT-Politiken über eine eingebaute Degressionsrate, die eine Senkung des Tarifwerts in Abhängigkeit von der Anzahl der Jahre nach Inkrafttreten der Politik ermöglicht. Dieser Mechanismus soll dazu beitragen, den Anreiz, der den Erzeugern durch den FIT geboten wird, so anzupassen, dass er Anreize zur Kostensenkung bei erneuerbaren Energien im Laufe der Zeit schafft.

23.1.2 Quersubventionierung von Tarifen im Elektrizitätssektor der SSA

Groba, Felix et al. (2011) untersuchen die Quersubventionierung, bei der den Kunden niedrigere Tarife berechnet werden als anderen Kunden in einem ähnlichen Netzdienst. Die Autoren raten den SSA-Ländern dringend, bei der Preisgestaltung für Strom Gebühren für einkommensschwächere Kunden und einkommensstärkere Kunden zu berücksichtigen. Die Strategie besteht darin, die Kosten für die Versorgung der einkommensschwächeren Kunden auf die einkommensstärkeren Kunden umzulegen, um sicherzustellen, dass alle Kunden Zugang zu Strom haben. Dieser politische Ansatz kann bei der Solarenergie für die ländliche Bevölkerung angewandt werden, wo die Preisgestaltung für Solarenergie nach dem Prinzip der standortbezogenen Effizienz kategorisiert werden kann, was für die gesamte Bevölkerung als gerecht angesehen werden könnte.

23.1.3 Anpassung der Tarife an die lokalen Erfordernisse

Mormann (2014) empfiehlt den Ländern in SSA dringend, die Tarife so zu gestalten, dass sie dem Energiebedarf an der Quelle entsprechen. Die meisten kommunalen Solarstromanlagen sind so konzipiert, dass sie das Defizit in den Energieverteilungsnetzen ausgleichen. Eine solche Initiative muss eine spezifische Tarifregelung anziehen, die die Vorteile für den Endverbraucher berücksichtigt und umgesetzt wird. Dementsprechend wurde die groß angelegte Übertragungsinfrastruktur für erneuerbare Energien als Hindernis für den Einsatz von Technologien für erneuerbare Energien identifiziert. Kleine Anlagen zur Nutzung erneuerbarer Energien auf den Dächern von Privathaushalten oder Gewerbebetrieben werden jedoch von Mormann (2014) als ideale Lösung zur Beseitigung der Energiearmut in SSA-Ländern empfohlen. Die PV-Solarstromerzeugung auf Dächern reduziert die Vorlaufzeiten und die Gesamtbaukosten im Vergleich zu Anlagen für erneuerbare Energien im Versorgungsmaßstab erheblich. Die dezentrale Erzeugung (Mikronetz) bietet erhebliche Verbesserungen bei der Energiesicherheit und der Zuverlässigkeit des Netzes. Mikronetze sind haftbar und können die Anfälligkeit für strategische Angriffe oder Naturkatastrophen verringern.

23.1.4 *Markt vs. Regulierung: Zwei Ansätze zur Risikominderung*

Mormann, Felix (2014) bewerten, dass die Gesamtrisikominderung größer ist als die Zwischensumme, wenn Projekte integriert werden, um die Renditen zu senken und höhere Investitionen des Privatsektors in erneuerbare Energien für ein nachhaltiges Wirtschaftswachstum beim Einsatz sauberer Energien zu fördern. Um Investitionen des Privatsektors zu erreichen, ist nach (Mormann 2014) eine Politik für den Ausbau der Infrastruktur für saubere Energie erforderlich, um Investitionen des Privatsektors zu fördern. Die Risikobewertung einer jeden Geschäftsmöglichkeit zielt auf die Abwägung zwischen den erwarteten Risiken und Erträgen ab. Kurz gesagt, politische Entscheidungsträger versuchen, eine ungewöhnlich hohe, über dem Markt liegende Rendite zu bieten, um Anreize für private Investitionen in erneuerbare Energien zu schaffen; dabei wird die kosteneffiziente Gestaltung der Politik, die den Steuer- und/oder Abgabenzahler belastet, letztlich ignoriert. Risikominderungs- und Umverteilungsmaßnahmen mit optimaler politischer Unterstützung können Anreize für Investitionen des Privatsektors in den Einsatz sauberer Energie schaffen. Laut Mormann (2014), der Daten aus fünfunddreißig Ländern über FiT-Maßnahmen zur Minderung von Abnahme- und anderen kritischen Marktrisiken für Investoren gesammelt hat, ist der Einsatz sauberer Energien um das Vierfache gestiegen. Der Autor stellte fest, dass die Risikominderung oft auf Kosten einer Umverteilung geht und möglicherweise eine andere Art von Risiko verschlimmert. Daher ist es von größter Bedeutung, eine Strategie zur Risikominderung mit RPS- und FiT-Maßnahmen zu entwickeln, die das Gesamtrisiko im Zusammenhang mit dem groß angelegten Ausbau der Infrastruktur für erneuerbare Energien verringern.

Kapitel 24

24.1 CDM-Programme für Mülldeponien

Deponien sind in der Lage, Methanol für die industrielle Nutzung zu erzeugen und können im Rahmen der CDM-Programme in den SSA-Ländern verwaltet werden. UNEP (2008): In den meisten SSA-Ländern wird Methanol entweder nicht aufgefangen oder aufgefangen und abgefackelt oder zur Stromerzeugung verwendet. Eine innovative Technologie wie die Umwandlung von Biogas in Industrieanlagen zur Herstellung von erneuerbarem Methanol kann CDM-Emissions-CERs einbringen. Die Situation mit offenen Mülldeponien ist in den Ländern der südlichen Hemisphäre prekär, da die Luft- und Wasserqualität gefährdet ist (UNEP 2008). Mit innovativer Technologie kann Abfall, der als großes Problem für die Kommunen gilt, als mögliche Einnahmequelle betrachtet werden". Die SSA-Länder müssen innovative Technologien in Kombination mit regulatorischen Anreizmechanismen erforschen, die Abfall, der als Umweltbelastung angesehen wird, in zusätzliche finanzielle Ressourcen umwandeln können. Die Gestaltung solcher CDM-Methoden sollte in hohem Maße auf innovative Technologien abgestimmt sein, die große Deponien für die Schaffung einer sanitären Revolution in städtischen Gebieten vorsehen.

Tabelle 24.1 veranschaulicht die Ansicht der akademischen Forscher zur Entwicklung der weltweiten CDM-Nachfrage.

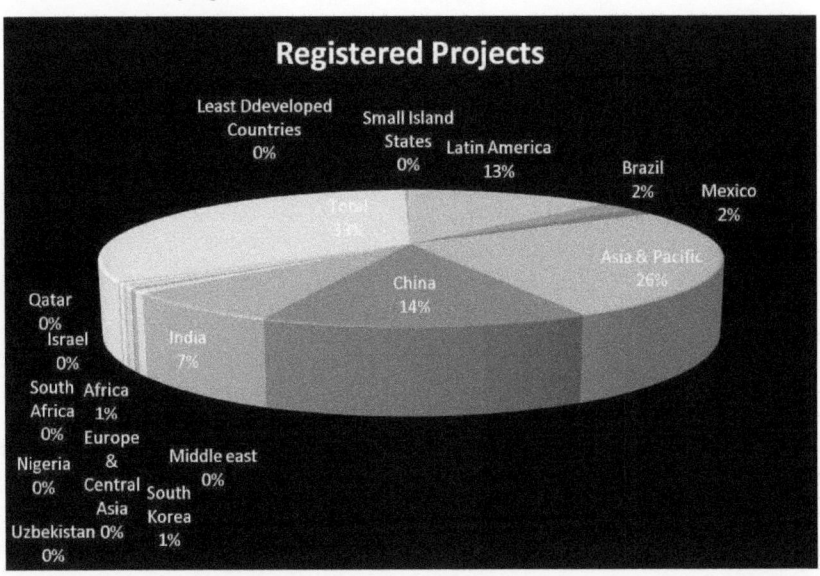

Abbildung 24.1 Überblick über die regionale Verteilung der registrierten CDM-Projekte, (Quelle: Autorendaten UNEP 2010)

Die obige Abbildung zeigt deutlich, dass nur 2 % (47) der registrierten CDM-Projekte aus Afrika stammen, das mit Nigeria, Tansania und Südafrika die größten Treibhausgasemittenten stellt.

Samad, Hussain. A et al. (2013) fragten, wie solche *neuen Solartechnologien gefördert werden können und wie Solarenergie für Bürger mit begrenztem Haushaltseinkommen erschwinglich gemacht werden kann.* Die Solarenergie ist seit einigen Jahrzehnten bekannt, aber die Technologie ist noch nicht erforscht. Lay, Ondraczek und Stoever (2012), Rebane und Barham (2011), Komatsu et al. (2011) und Samad et al. (2013) untersuchten die Schlüsselfaktoren für eine frühzeitige Technologieanpassung von Solar Home Systems. Sie stellten fest, dass es verschiedene Solarenergie-Technologien gibt, die in Häusern eingesetzt werden können, um effektive Ergebnisse zu erzielen. Eine dieser empfohlenen Technologien ist das Mikro-Hybrid-Solarhaussystem. Samad et al. (2013) bezifferten das Ausmaß des Nutzens, den ein durchschnittlicher Haushalt aus der Nutzung eines Mikro-Solarsystems ziehen kann.

Nehmen wir an, ein typischer SSA-Haushalt spart durch die Einführung eines Mikro-Hybrid-Solar-Haushaltssystems (MHSHS) 4 Liter Kerosin pro Monat und schätzt die Einsparungen auf 2 US-Dollar. Laut einer Studie von Samad et al. (2013) in Indien ergeben sich durch die Einführung eines MHSHS Einsparungen von 5 Prozent der Gesamtausgaben pro Monat, wenn man den Wechsel von Kerosin zu einem Solar-Haushaltssystem berücksichtigt. *Abbildung 24.2 veranschaulicht die Kosteneinsparungen pro Jahr bei der Nutzung von Kerosin und Solaranlagen.*

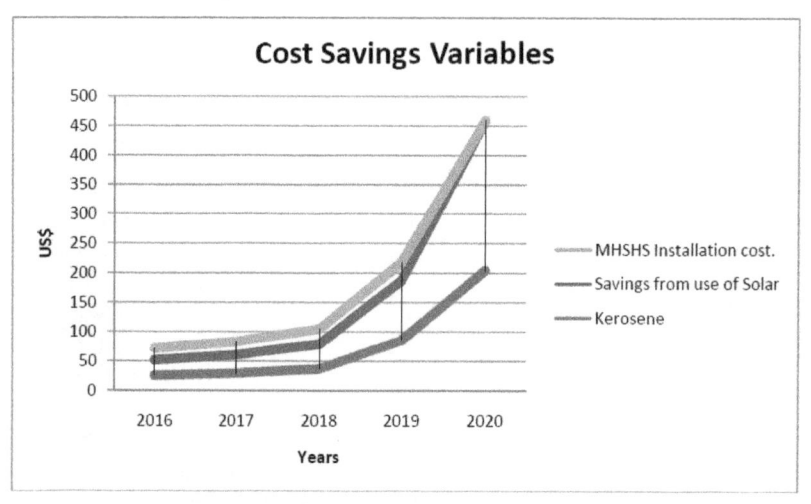

Abbildung 24.2 Kosteneinsparungen durch die Verwendung von Kerosin im Vergleich zu einem Solar Home System Quelle: Autor.

Die Kosten für Standard-Solar-Home-Systeme werden auf 224 US-Dollar für 150 kW Strom geschätzt.

Bis zum ersten Quartal 2019 würden die Einsparungen durch die Nutzung von Solarenergie die Installationskosten vollständig abdecken, wenn sie auf Kredit gekauft werden. Bis zum Jahr 2020 könnten die Gesamteinsparungen ein ähnliches Solar-Home-System für eine weitere Expansion ermöglichen. Samad et al. (2013) erinnert uns an die Technologie- und Kostenvariablen für Solar-Home-Systeme. Technik plus Wartung scheint eine Option für die Beschleunigung von Micro Hybrid Solar Home Systems (MHSHS) zu sein. Ein erfolgreiches MHSHS würde das Haushaltseinkommen für die Expansion berücksichtigen. Urpelainen,

Johannes & Yoon, Semee (2014) weisen auf die Bedeutung der netzunabhängigen Elektrifizierung für die Expansion auf kommerzieller Basis und die Erzielung von Gewinnen hin. Die Erzielung von Gewinnen auf dem niedrigen Einkommensniveau in ländlichen Gebieten kann mit privatem Kapital von Investoren sehr schnell auf Hunderte von Millionen skaliert werden. Ingenieure müssen wichtige Geschäftsinnovationen in Betracht ziehen, wie z. B. Partnerschaften mit lokalen ländlichen Banken für Käufe und Installationskosten für Kunden sowie Inkasso. Für eine wirksame Methodik müssen die Ingenieure eine Segmentierung der Finanzpakete auf regionaler oder kommunaler Basis in Betracht ziehen. Dieses Verfahren ermöglicht ein effektives Inkasso und die Überwachung der installierten Systeme.

Kapitel 25

25.1 Wettbewerbsfähigkeit von Solar-PV

Pegels, Anna & Lutkenhorst Wilfried (2014) erinnern Ingenieure daran, dass die Märkte für Solarenergie oder erneuerbare Energien in hohem Maße politisch durch Handelsmuster geprägt sind, die staatlichen Eingriffen unterliegen. Für Ingenieure ist es von größter Bedeutung, die komparativen Vorteile zu analysieren, die mit dem Handelsstreit um den subventionierten Export von Solarmodulen verbunden sind, der bei der Installation von Solarenergie zu beachten ist. Die Effizienz der Solarmodule wird gründlich geprüft, um den einheitlichen Anforderungen des Kunden als Grundlage für eine effiziente Energieversorgung zu entsprechen.

Wiseman, Hannah & Bronin Sara C. (2013) stellen fest, dass der Erfolg von umweltfreundlicherer Energie in verschiedenen Ländern aufgrund von Strategien, die von politischen Entscheidungsträgern und Wissenschaftlern empfohlen wurden, an Dynamik gewonnen hat. Eine dieser Empfehlungen ist die Energieversorgung auf kommunaler Ebene, die den Prozess sehr erschwinglich und im Hinblick auf Größenvorteile für Anbieter und Endverbraucher wirtschaftlich rentabel macht. Dadurch sinken die Kosten für die Lieferung von der Zentrale an die Nutzer und es entstehen Größenvorteile gegenüber der dezentralen Energieerzeugung durch Einzelpersonen. Empirische Untersuchungen von Wissenschaftlern haben ergeben, dass die individuelle Erzeugung auf Dächern mit hohen Transaktionskosten verbunden ist, während die Auswirkungen relativ gering sind. Solarenergie in großem Maßstab außerhalb der Städte führt zu einer Zersiedelung der Energieversorgung und zu Ineffizienzen bei der Übertragung. Gemeinschaftssolaranlagen mit gemeinsamer Unterstützung verringern die hohen Risikofaktoren, die mit groß angelegten Solaranlagen verbunden sind.

Aus der Sicht von Walsh, Philip R. et al. (2009) sind die wichtigsten Determinanten bei der Wahl des Energieträgers die Amortisationsanalyse der Ausgleichskosten und der verdrängten Energie. Die Kaufentscheidungen der Kunden in Bezug auf die Energienutzung fallen zwischen höheren Kosten mit ökologischen Vorteilen und niedrigeren Kosten mit unfreundlichen ökologischen Vorteilen. Diese Verhaltensentscheidungen sind für den Entscheidungsprozess bei der Energienutzung von entscheidender Bedeutung. Die Wahl von Energie durch Verhaltensökonomie sollte mit wichtigen Umweltfaktoren wie der globalen Erwärmung verknüpft werden. Wenn es den Ländern gelingt, die wirtschaftlichen und gesundheitlichen Vorteile der erneuerbaren Energien miteinander zu verknüpfen, könnten die Kosten der Solarenergie erheblich gesenkt werden, so dass sie erschwinglicher wird und sich ihr Wert differenziert. Um den Wettbewerb zu überwinden, bedarf es innovativer Technologien, die durch anwendbare Innovationen in Bezug auf Funktionalität, Design, Leistung und Verbrauchserfahrungen aus der Einzigartigkeit und Überlegenheit der installierten Solarenergie einen Mehrwert schaffen.

Kapitel 26

26.1 SSA-Länder Solarstromerzeugungskapazität

Outka, Uma (2013) zeigt auf, dass Wind- und Solardachprojekte in Entwicklungsländern erhebliche Aussichten auf grüne Arbeitsplätze bieten. Nachhaltige Entwicklung bedeutet jedoch mehr als eine grünere wirtschaftliche Entwicklung, die die Wechselbeziehung zwischen Umwelt, Wirtschaft und menschlichem Wohlergehen erfassen soll. Die SSA-Länder müssen Projekte zur Nutzung erneuerbarer Energien durchführen, um die Bedürfnisse der heutigen Generation zu befriedigen, ohne die künftige Generation bei der Befriedigung ihrer eigenen Bedürfnisse zu gefährden.

Smith, Michael G. und Urpelainen Johannes (2013) erörterten ausführlich die Herausforderungen, denen sich Afrika bei der Stromversorgung seiner Bürger aufgrund der Ineffizienz der vertikal integrierten Energieversorgung gegenübersieht.

Die Autoren raten außerdem zur netzunabhängigen Elektrifizierung als Alternative zur konventionellen Energieversorgung. Smith und Urpelainen (2013) raten den SSA-Ländern, ihren Energiesektor mit einer Vielzahl von Technologien wie Biomasse und Photovoltaik zu dezentralisieren, damit sie die fossilen Brennstoffe hinter sich lassen können. Es ist anzunehmen, dass arme Haushalte in SSA-Ländern sich eher an die Solarenergie anpassen als wohlhabende Haushalte. Das nachstehende Diagramm *veranschaulicht den Anteil Afrikas an der Primärenergieversorgung nach Angaben der EIA (2013)*.

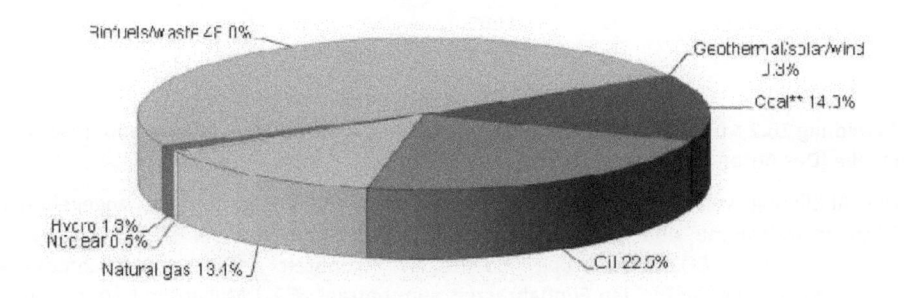

Abbildung 26.1 Anteil an der gesamten Primärenergieversorgung: Quelle (eia 2013)

Laut eia (2013) zeigt die obige Abbildung eine ungünstige Kombination aus jahrzehntelangem Versagen der Politik, die Investitionen des Privatsektors in Solaranlagen für Privathäuser fördert. Sie gingen davon aus, dass der Zugang zum Stromnetz der entscheidende Faktor ist, der die Nachfrage nach Solaranlagen für Privathaushalte verringert. Intuitiv wird jedoch von jeder Nation erwartet, dass der Zugang zum Netzstrom durch Solar Home Systems reduziert wird. Alternativ können Solar-Home-Systeme Strom in Wechselrichterbatterien speichern, um ihn bei Stromausfällen nachhaltig zu nutzen. Ein weiterer Faktor, den die SSA-Länder in Betracht ziehen sollten, ist die Aufklärung über Solar Home Systems. Laut (Rebane & Barham 2011) in eia (2013) ist die Anschaffung von Solaranlagen in den ländlichen SSA-Ländern nicht garantiert, spielt aber eine wichtige Rolle bei der Kaufentscheidung. Die wohlhabenden und gebildeten Familienoberhäupter sind mit Solaranlagen besser vertraut als die armen Mitglieder der Gesellschaft.

Nissila, Heli et al. (2014) weisen auf die Bedeutung und die Erwartungen an neu entstehende saubere Energietechnologien in den SSA-Ländern und deren wirtschaftlichen Nutzen hin. Erwartungen in der Soziologie können laut Nissila et al. (2014) Technologiebereiche fördern. Die Technologie jeder erneuerbaren Energiequelle muss auf ihre Zuverlässigkeit und Kostenvorteile für die Endverbraucher hin getestet und erprobt werden. Die folgende Abbildung zeigt den Verbrauch, die Verteilung und die Erzeugung von Strom in den SSA-Ländern, die Verluste, die gesamten Gasreserven und die Treibhausgasemissionen.

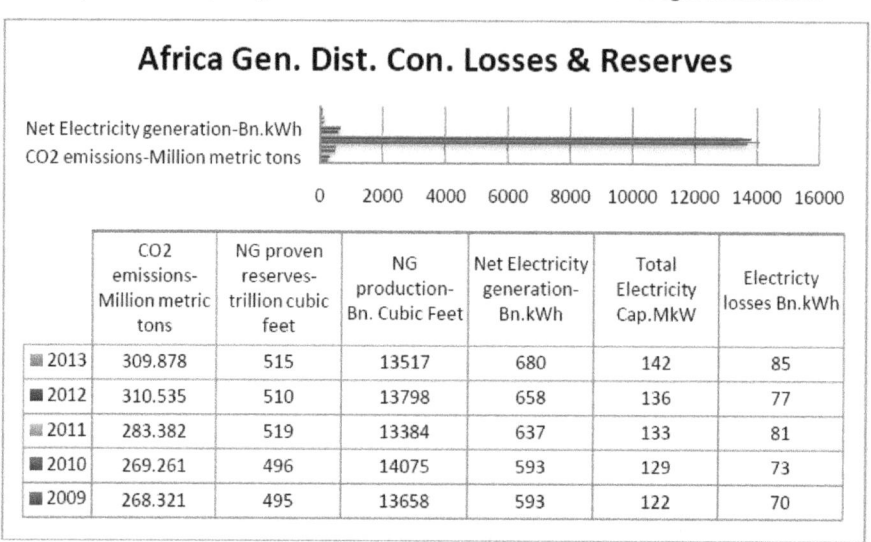

Africa Gen. Dist. Con. Losses & Reserves

	CO2 emissions-Million metric tons	NG proven reserves-trillion cubic feet	NG production-Bn. Cubic Feet	Net Electricity generation-Bn.kWh	Total Electricity Cap.MkW	Electricty losses Bn.kWh
2013	309.878	515	13517	680	142	85
2012	310.535	510	13798	658	136	77
2011	283.382	519	13384	637	133	81
2010	269.261	496	14075	593	129	73
2009	268.321	495	13658	593	122	70

Abbildung 26.2 Afrika Energieerzeugung, -verteilung, -verbrauch, -verluste und -reserven. Quelle (Der Autor - Daten eia 2013)

Die Abbildung veranschaulicht die Energiekapazitäten Afrikas für die angegebenen Fünfjahreszeiträume und zeigt erhebliche Erdgasreserven, die bei ordnungsgemäßer Nutzung zur CO2-Reduzierung beitragen könnten. Die durchschnittliche Nettostromerzeugung für den Fünfjahreszeitraum beträgt 632,2 Milliarden kWh bei einer durchschnittlichen Gesamtstromkapazität von 548,4 Millionen kW. Die durchschnittlichen Erzeugungsverluste durch ineffiziente Technologien belaufen sich auf 318 Mrd. kWh, was 50,30 % der durchschnittlichen Erzeugungskapazität für den Fünfjahreszeitraum entspricht. Der gesamte Treibhausgasausstoß von 2009 bis 2013 wird auf 2.681.495.000,00 Milliarden Tonnen geschätzt.

Der Wissenschaftler untersucht nun den Gesamtwert der Verluste im Rahmen des Mechanismus für umweltverträgliche Entwicklung (Clean Development Mechanism, CDM), der für Solarenergieprojekte als Ersatz für baufällige konventionelle Kraftwerke in Ländern mit bestehenden Erzeugungsanlagen verwendet werden könnte. *Der CDM-Wert ist in der folgenden Abbildung dargestellt*

CO2 Value US$Bn

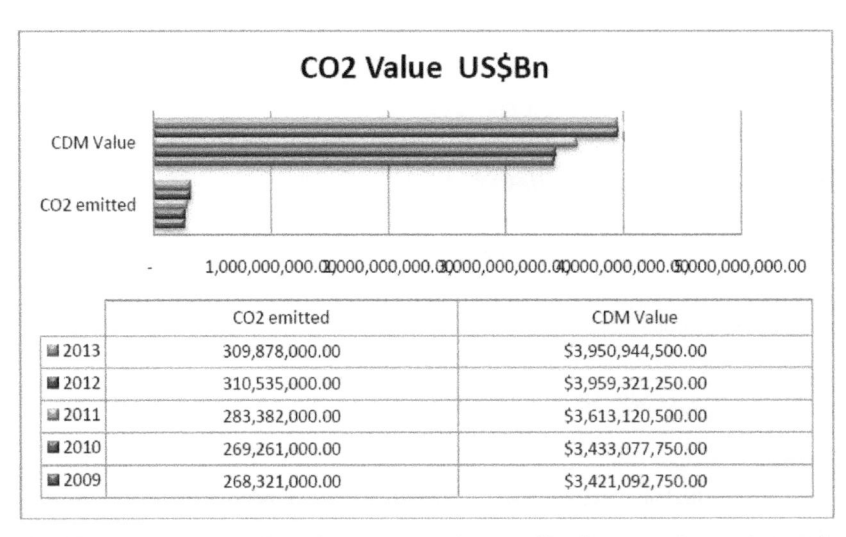

	CO2 emitted	CDM Value
2013	309,878,000.00	$3,950,944,500.00
2012	310,535,000.00	$3,959,321,250.00
2011	283,382,000.00	$3,613,120,500.00
2010	269,261,000.00	$3,433,077,750.00
2009	268,321,000.00	$3,421,092,750.00

Abbildung 26.3 Wertanalyse der CO2-Emissionsquellen (Autorendaten eia 2013)

Laut ICAP (2016) steigen die vierteljährlich berechneten Preise für Kohlendioxid-Jahrgänge allmählich an, wobei der Mindestpreis im Jahr 2015 bei 12,10 US-Dollar lag. Die letzten verfügbaren Jahrgänge bis 2018 wurden für 12,65 USD versteigert.

Die indikativen Werte (auf der Grundlage von 12,65 US-Dollar pro Tonne) zeigen die Ineffizienz bei der Wartung der bestehenden Anlagen, die zu enormen Verlusten bei der Erzeugungskapazität führt. Da die SSA-Länder über große Erdgasreserven verfügen, könnten sie CDM-Mittel für gasbefeuerte Wärmekraftwerke in Kombination mit KWK- und Solaranlagen bereitstellen. Die geschätzten Kosten für eine 250-MW-Wärmeanlage beliefen sich 2014 auf 360 Millionen US-Dollar. Pro Jahr könnte Afrika durchschnittlich 10 thermische Anlagen mit einer Leistung von 250 MW aus Mitteln des CDM-Programms errichten.

26.1.1 Quantifizierung von Erzeugung und Verlusten (Wert) im Elektrizitätssektor der SSA

In der nachstehenden Abbildung 26.1 sind die Verluste bei der fünfjährigen Erzeugung von konventionellem Strom dargestellt. Die geschätzte Lebensdauer eines konventionellen Kraftwerks liegt zwischen 30 und 45 Jahren. Die Verluste bei der Erzeugung machen 50,30 % der Erzeugungskapazität aus, während die Solarenergie nachhaltig Strom für 25-30 Jahre liefern kann.

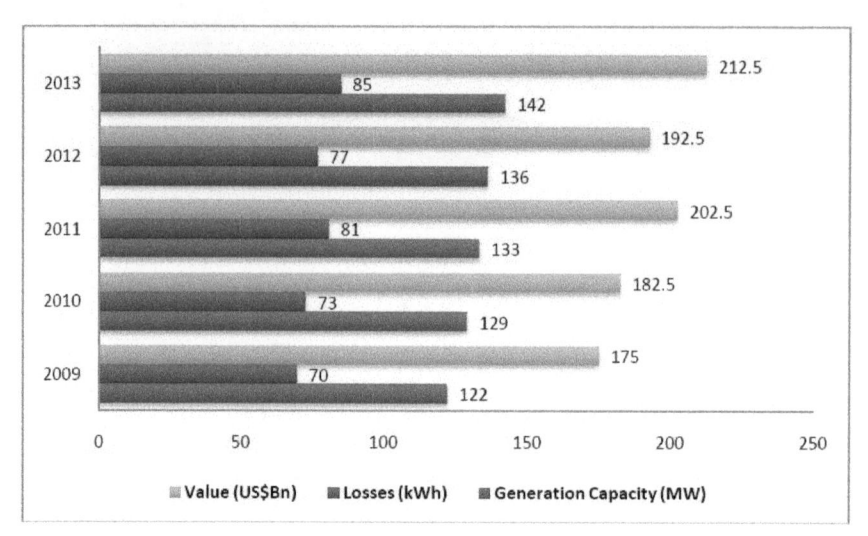

	Value (US$Bn)	Losses (kWh)	Generation Capacity (MW)
2013	85	142	212.5
2012	77	136	192.5
2011	81	133	202.5
2010	73	129	182.5
2009	70	122	175

Abbildung 26.4 Quantifizierung des Wertes von Erzeugung und Verlusten Quelle: (Der Autor)

Aus den obigen Angaben ergibt sich für den Fünfjahreszeitraum ein durchschnittlicher Verlustwert von 193 Mrd. USD bei ungefähren Durchschnittskosten von 2,5 USD pro kWh. Der höchste indikative Verlust war 2013 mit einem Wert von 212,5 Mrd. USD, der niedrigste 2009 mit 70 kWh und einem Wert von 175 Mrd. USD. Der geschätzte Durchschnittswert der Kosten pro kWh liegt bei 2,5 US-Dollar. Diese Schätzungen zeigen deutlich die Ineffizienz der Energieversorgung der Bürger.

Die Frage lautet: *Welchen Vergleichswert kann die Solarenergie über den Zeitraum von fünf Jahren nachhaltig liefern?*

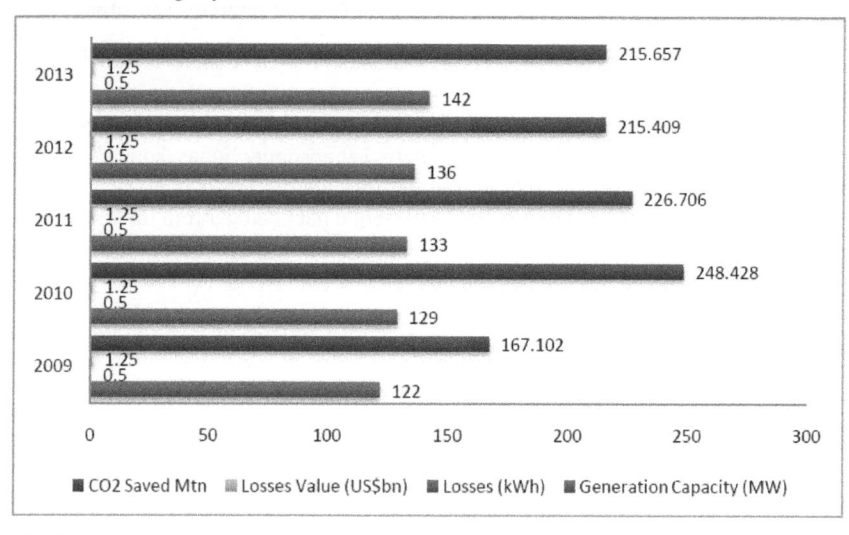

	CO2 Saved Mtn	Losses Value (US$bn)	Losses (kWh)	Generation Capacity (MW)
2013	1.25 / 0.5	215.657	142	
2012	1.25 / 0.5	215.409	136	
2011	1.25 / 0.5	226.706	133	
2010	1.25 / 0.5	248.428	129	
2009	1.25 / 0.5	167.102	122	

Abbildung 26.5 Vergleichswerte zur Solarenergie für den Fünfjahreszeitraum Quelle (Der

Autor)

Die oben genannten indikativen Zahlen zeigen, dass die Verluste bei der solaren Stromerzeugung durchschnittlich 20 % betragen und auf 6,25 Mrd. USD geschätzt werden. Im Vergleich dazu könnten die SSA-Länder mit Solarenergie schätzungsweise 772 Mrd. USD gegenüber konventionellem Strom einsparen, wobei sich die Gesamtverluste bei der Stromerzeugung in den fünf Jahren auf 965 Mrd. USD belaufen. Diese Analysen zeigen deutlich, dass die Solarenergie eine vielversprechende aufstrebende Technologie ist, von der erwartet wird, dass sie eine wichtige Rolle im zukünftigen Energiesystem spielen wird (Nissila et al. 2014).

Kapitel 27

27.1 Solarenergie als boomendes Geschäft

Nissila, Heli et al. (2014) sehen in der Solarenergie ein boomendes Geschäft in SSA-Ländern mit über 600 Millionen Bürgern ohne Zugang zu Elektrizität. Die Autoren sehen in der Solartechnologie einen wachsenden Markt mit einem vielversprechenden Geschäftsfeld, in das die Regierungen zweifellos investieren sollten.

Wiseman & Bronin (2013) schlagen vor, dass Ingenieure gemeinsam die Kostenvorteile von kommunalen Solarprojekten diskutieren. Die Diskussion sollte sich auf drei wesentliche Änderungen konzentrieren, um ein substanzielles Wachstum von Solarprojekten im kommunalen Maßstab zu erreichen. Die Ingenieure müssen dafür sorgen, dass die Gemeinden ein Unternehmen gründen, um den Kauf, die Installation, den Betrieb und die Wartung der Stromerzeugungsinfrastruktur zu regeln. In den Ländern der südlichen Hemisphäre müssen kommunale Unternehmen für die Solarenergieversorgung in Kleinstnetzen zusammengeschlossen werden.

Wo solche Unternehmen nicht existieren, empfehlen Wiseman & Bronin (2013), dass Einzelpersonen sich in einer Weise zusammenschließen, die den gemeinschaftsweiten Prozess formalisiert. Es gibt verschiedene Vorteile, wie z. B. eine Steueroase und die Verhinderung von Trittbrettfahrern, die Ingenieure aus solchen Praktiken ziehen können. Eine Gemeinschaftsrecherche ist von jedem Ingenieur erforderlich, um die individuellen/unternehmerischen Anforderungen zu ermitteln. Wie von den meisten Finanzinstituten gefordert, schlagen Wiseman & Bronin (2013) vor, dass solche Investitionen mit einer Versicherung als Standardunterstützung für Betriebs- und Wartungskosten abgedeckt werden.

Kapitel 28

28.1 Geschäftsmodell der Genossenschaften

Wiseman & Bronin (2013) empfehlen ein anderes genossenschaftliches Modell, das sich mit der öffentlichen, obligatorischen Energieverbesserung in den Bezirken befasst, bei dem die Mitglieder die erneuerbare Infrastruktur bauen, besitzen und instand halten (BOM), als Umlageverfahren (PAYG). SSA-Genossenschaften können ein spezielles PAYG-System für Mitglieder haben, mit einer normalen Preisstrategie für Nicht-Mitglieder. Die Genossenschaft kann durch die folgenden vier Prinzipien charakterisiert werden:"(1) demokratisches/Gemeinschaftseigentum und Kontrolle durch die Nutzer;(2) begrenzte Kapitalerträge; (3) Rückgabe von Vorteilen oder Margen an die Nutzer; (4) die Verpflichtung zur Finanzierung durch die Nutzer-Eigentümer. Genossenschaftliche Geschäftsmodelle ermöglichen es den Mitgliedern, den Nutzen zu maximieren, und die von der Genossenschaft bereitgestellten Gewinne unter den Mitgliedern zu verteilen - "Patronage-Rückerstattung". Der Nachteil von Genossenschaften ist die fehlende Gewinnmaximierung, die ihrer Anwendbarkeit im Energiebereich im Wege steht.

28.1.1 Zoning Code Modell

Wiseman & Bronin (2013) empfehlen Immobilienentwicklern das Zoning-Code-Modell. Dieses Modell ermöglicht es Immobilieneigentümern, die Infrastruktur für erneuerbare Energien in ihre Bauprojekte mit 25 oder mehr Einheiten zwingend einzubeziehen. Der Bauträger ist gesetzlich verpflichtet, Solar- oder Windenergieanlagen in den Verkaufspreis für die Kunden einzubeziehen. Dieser Prozess wird bereits in der ersten Phase eingeleitet, in der die Kunden mit dem Bauträger über den Kauf einer Wohneinheit verhandeln. Auf kommunaler Ebene können Städte Gesetze erlassen oder durchsetzen, die alle Bauträger dazu verpflichten, als Bedingung für die Baugenehmigung eine Solarenergieanlage zu installieren. Nach (Wiseman & Bronin 2013) könnten bestehende Nachbarschaften und Planungseinheiten sowie städtische Auffüllungsprojekte und neue Unterteilungen von solchen Initiativen profitieren. Alternativ können Städte eine obligatorische Gebühr für Bauherren in den kommunalen Fonds für erneuerbare Entwicklung pro Quadratmeter neu erschlossener Fläche einführen. In bestehenden Stadtvierteln können die Städte erneuerbare Energien im kommunalen Maßstab durch Bebauungsvorschriften fördern, um die Einrichtung einer kommunalen Energieinfrastruktur zu ermöglichen. Für das Modell der Flächennutzungsordnung können Ingenieure anstelle von Dachpaneelen die Art von Solarstrom in Containern auf der Grundlage der erforderlichen Kapazität installieren.

Ingenieure können in einem Park eine Windkraftanlage mit einer Nennleistung von nicht mehr als 100 kW installieren (Wiseman & Bronin 2013).

Kapitel 29

29.1 Solar als nationaler Wettbewerbsvorteil

Nissila, Heli et al. (2014) rieten außerdem dazu, die Solartechnologie auf nationaler Ebene zu betrachten, um ihre Projektionen in den Gemeinden zu fördern. Regierungen und kommunale Behörden haben den Auftrag, die Solarenergie auf kommunaler Ebene zu regulieren, um den Einsatz der Technologie und die Ausbildung der Jugend zu fördern und der Verstädterung entgegenzuwirken. Die Voraussetzungen in der Solarindustrie der SSA-Länder sind jedoch sehr begrenzt. Solartechniker werden als Solaringenieure angesehen, die aufgrund ihres technischen Know-hows die Solarenergie für die Endverbraucher nicht attraktiv machen. Technologie und Wissenschaft müssen als wichtige kulturelle Werte in den SSA-Ländern kritisch einbezogen werden. Die wichtigsten Empfehlungen für die SSA-Länder sind die Förderung von Forschungsorganisationen, Innovationen und politischen Gremien, um die Treibhausgasemissionen durch Solartechnologien und politische Mechanismen zu reduzieren.

Kapitel 30

30.1 Ausgleichsleistung und variable erneuerbare Energien

Hirth, Lion und Ziegenhagen, Inka (2013) weisen auf ein erhebliches Wachstum der variablen erneuerbaren Stromquellen (VRE), Solar- und Windenergie, in den letzten Jahren hin, wobei ein weiteres Wachstum erwartet wird. Diese beiden Erzeuger sind nicht synchron und wetterabhängig, was bei ihrer Integration in Stromsysteme zu besonderen Problemen führen kann (Grubb 1991, Holttinen et al. 2011, IEA 2014), siehe Hirth & Ziegenhagen (2013). Die Energieerzeugung aus erneuerbaren Energien hat durch technologischen Fortschritt, Größenvorteile und Subventionen für den Einsatz rasch zugenommen. Die IEA geht davon aus, dass die erneuerbaren Energien bis 2016 das Erdgas überholen und zur zweitgrößten Stromquelle nach der Kohle werden. Laut (Hirth & Ziegenhagen 2013) wird sich die PV-Kapazität verdreifachen und die Windenergie voraussichtlich verdoppeln. Erneuerbare Energien sind eine wichtige Option zur Verringerung der Treibhausgasemissionen und werden voraussichtlich weiter zunehmen (IEA 2012, GEA 2012), siehe Hirth & Ziegenhagen (2013). Fischerdick et al. (2011), Luderer et al. (2013) und Knopf et al. (2013) in Hirth & Ziegenhagen (2013) fassen Modellvergleiche zusammen, wonach sich der Anteil von VRE bei einer ehrgeizigen Karbonisierung verzehnfachen wird, aber auch ohne Klimapolitik bis 2050 um das Vierfache steigen wird. Dieser Anstieg der Stromerzeugung aus erneuerbaren Energien erfordert ein integratives System zur Aufnahme und zum Ausgleich der Stromlieferung durch das nationale Netz einer Volkswirtschaft. Die nachstehende Abbildung veranschaulicht das realisierbare Integrationssystemmodell mit Prognosefehlern, die durch das VRE-Energiesystem erzeugt werden, das Modell für die Gestaltung der Politik und die finanzielle Strafe für die Prognosefehler, den Ungleichgewichtspreis zur Bestimmung der Prognosefehler.

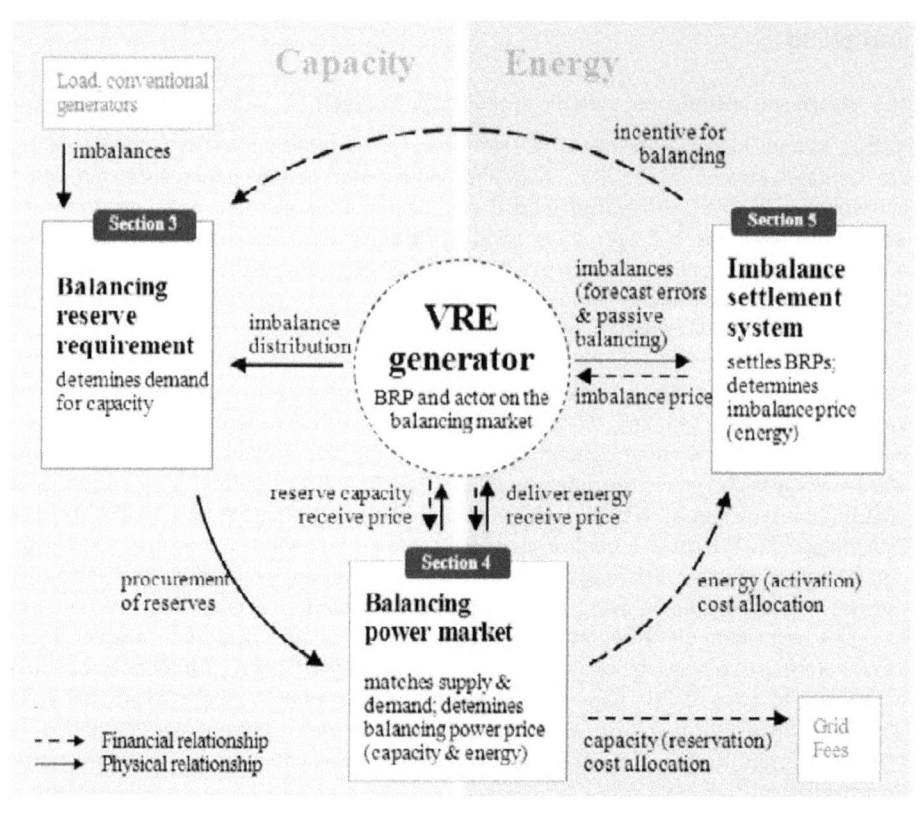

Abbildung 30.1 Die drei Verbindungen zwischen VRE und dem Ausgleichssystem.

Kapitel 31

31.1 Umweltgerechtigkeit

Outka, Uma (2013) stellte eine Verbindung zwischen Umweltgerechtigkeit und nachhaltiger Entwicklung her, indem sie die These aufstellte, dass einkommensschwache Gemeinschaften weder einen unverhältnismäßig hohen Anteil an Umweltbelastungen tragen noch unverhältnismäßig stark von Umweltvorteilen ausgeschlossen sein sollten.

Die SSA-Länder müssen Strategien, Gesetze und Lobbyarbeit entwickeln, um die ungleiche Belastung durch Giftstoffe zu bekämpfen. Globale Umweltprobleme sind für die SSA-Länder besorgniserregend, da sie anfälliger für Umweltbelastungen sind als entwickelte Länder. Die unverhältnismäßigen Auswirkungen der globalen Erwärmungstendenzen bedrohen die Armen in der Gesellschaft, was die Bedeutung einer nachhaltigen Entwicklung für die Umweltgerechtigkeit unterstreicht (Outka 2013). Aus all diesen Gründen wurden die erneuerbaren Energien als Schlüsselkomponente der Nachhaltigkeit eingestuft.

31.1.1 Die Rolle der erneuerbaren Energien für eine nachhaltige Entwicklung

Outka, Uma (2013) weist ferner darauf hin, dass die Dominanz fossiler Energieträger in den rechtlichen Rahmenbedingungen, die ihre Nutzung fördern, das größte Hindernis für die Ziele der nachhaltigen Entwicklung darstellt. Die überwältigende Nutzung von Kohle, Öl und Erdgas hat viele schädliche Auswirkungen: verheerende Auswirkungen auf das Land durch den Tagebau und die Verschmutzung durch die Kohleindustrie. Die durch die Verbrennung fossiler Brennstoffe erzeugte Elektrizität erzeugt Luftemissionen, die für die menschliche Gesundheit und die Umwelt giftig sind. Generell erzeugt der Energiesektor, der weltweit von fossilen Brennstoffen abhängig ist, mehr Treibhausgase, die weitgehend für den Klimawandel verantwortlich sind. Erneuerbare Energien sind jedoch keine endliche Ressource, so dass ihre Nutzung aufrechterhalten werden kann; darüber hinaus übersteigt ihr theoretisches Potenzial den weltweiten Energieverbrauch aller Volkswirtschaften. Laut Outka (2013) stiegen die Investitionen in erneuerbare Energieträger im Jahr 2011 um 17 % und erreichten einen Rekordwert von 257 Milliarden US-Dollar. Dieser Rekord zeigt deutlich die Kostenvorteile, die sich aus der Produktion erneuerbarer Energien ergeben, um die neue Nachfrage zu decken und Energie aus fossilen Brennstoffen zu ersetzen. Die Nachfrage nach erneuerbarer Energie macht den Energiesektor weniger unnachhaltig - "Nachhaltigkeit mag technologisch noch nicht erreichbar sein, aber erneuerbare Energie ist eine Möglichkeit". Auch wenn keine Energiequelle völlig unschädlich ist, können Entwicklungsländer (SSA) die Umweltverschmutzung durch bestehende konventionelle Anlagen mit erneuerbaren Energien reduzieren und so zur globalen Klimastabilisierung beitragen (Outka 2013).

Kapitel 32

32.1 Gemeinschaftlicher Kontext für erneuerbare Energien Sitzen

Outka, Uma (2013) und mehrere logische, schlüssige Hinweise zeigen, wie erneuerbare Energien (Solar- und Windenergie) durch die Verfügbarkeit und Intensität der Ressourcen eingeschränkt werden, was ihre wirtschaftliche Tragfähigkeit begrenzt. Die Übertragungsleitungen für konventionelle Elektrizität können die Gebiete mit den stärksten Ressourcen nicht erreichen, was die Entwicklungsplanung erschweren kann. Natürlich sind Wind- und Solarenergie ganz wesentliche erneuerbare Ressourcen, die zur Erzeugung von emissionsfreiem Strom genutzt werden können. Die Nutzung von Sonnen- und Windenergie ist oft umstritten, da sie aus ästhetischer Sicht unterschiedlich wahrgenommen werden, was die Entwicklungsländer berücksichtigen sollten. Wie bereits erwähnt, haben die Länder in SSA das größte Potenzial für Solarenergie und Windenergie als Symbole der Hoffnung für die Zukunft (Outka 2013).

Kapitel 33

33.1 Definition von "Erneuerbare Energien" im Recht

Die SSA-Länder müssen Gesetze für erneuerbare Energien definieren, um Wind- und Solarenergieressourcen kategorisch in einem breiten gesetzlichen und regulatorischen Kontext zu fördern. Laut Outka (2013) verpflichten Standards für erneuerbare Energien (Renewable Portfolio Standards, RPS) die Versorgungsunternehmen, bis zu einem bestimmten Datum einen bestimmten Prozentsatz an Strom aus erneuerbaren Quellen zu erzeugen. Die qualifizierten Brennstoffquellen variieren von RPS zu RPS und hängen vom Kontext der Umweltgerechtigkeit ab. Ein anwendbares Gesetz könnte den Unterschied zwischen der Erzeugung von Strom durch die Verbrennung von Geflügelabfällen oder Müll qualifizieren. Das Hauptziel für SSA-Länder besteht darin, das politische Instrument zu kategorisieren, um die Annahme auszuschließen, dass die Umsetzungsmaßnahmen mit der Umweltgerechtigkeit im Einklang stehen.

Kapitel 34

34.1 Energiewildwuchs mit Mikronetzen eindämmen

Aus der Sicht von Bronin, Sara C. (2010) erfordert die Zunahme des Energieverbrauchs, dass Energieerzeugungsanlagen auf mehr ländlichem Grund und Boden errichtet werden. Nach Ansicht von Bronin (2010) könnte die Bereitstellung von Solarenergie in Mikronetzen den Flächenverbrauch in ländlichen Gebieten verringern und eine mögliche Lösung für die Energiezersiedelung darstellen. Mikronetz-Solarsysteme sind eine dezentrale Energieerzeugung, die den Bedarf an massiven Übertragungsleitungen und großen zentralen Anlagen sowie den großen Flächenverbrauch für Solarenergie reduziert. Mikronetze ermöglichen es den Kunden, die Kosten und das Risiko der Installation und Wartung zu verteilen, was den Eigentümern Größenvorteile verschafft. Mikronetze verringern den Energieverlust über große Entfernungen bei der Übertragung zum Endverbraucher.

Rule, Troy A. (2010) zeigt auf, wie wichtig es ist, die Zersiedelung der Landschaft durch groß angelegte Verteilungsanlagen für erneuerbare Energien einzudämmen, um die Abhängigkeit der Nation von fossilen Brennstoffen zu verringern. Der Autor rät zum Einsatz innovativer Gesetze, um zu verhindern, dass lokale Widerstände das künftige Wachstum des Einsatzes erneuerbarer Energien behindern.

Bronin, Sara C. (2010) weist im Wesentlichen auf die Notwendigkeit hin, den Einsatz erneuerbarer Energien auf unerschlossene Gebiete auszudehnen, und zwar linear und nicht konzentrisch. Bronin (2010) weist ferner darauf hin, dass die Ausbreitung der Energieversorgung nicht unbedingt den bestehenden Siedlungsmustern folgt; im Allgemeinen handelt es sich um Anlagen, die sich in unterbesiedelten Gebieten befinden. Die Netzstruktur der traditionellen Energieinfrastruktur wird hingegen durch Übertragungsleitungen mit weit entfernten besiedelten und unterbesiedelten Gebieten in den SSA-Ländern verbunden. Dieser Prozess erhöht die Kosten für Erzeuger und Endverbraucher, da er die Größenvorteile verringert.

Laut Bronin (2010) beanspruchte ein Windpark in den Vereinigten Staaten von Amerika im Jahr 2009 fast 100.000 Acres Land im dünn besiedelten West Texas (405 Quadratkilometer). Der größte Windpark der Welt verfügt über 627 Turbinen, die im Durchschnitt 160 Hektar Land pro Megawatt beanspruchen. Die gesamte Turbinenleistung beträgt 781,5 Megawatt und versorgt 265.000 Haushalte mit Strom. Das sind durchschnittlich 128 Hektar pro erzeugtem Megawatt Energie. *Wie viel Land können die SSA-Länder nutzen, um ihre Energieprobleme für über 600 Millionen Menschen zu lösen?*

Gehen wir von einem Bevölkerungsanteil von 5 Haushalten pro SSA-Haushalt aus, so ergibt sich ein Durchschnitt von 120 Millionen Haushalten, die Windenergie nutzen; das entspricht 354.113 Megawatt Energie. Der Flächenverbrauch für eine solche Energiemenge ergibt für die SSA-Länder unerträgliche und lächerliche Zahlen. Laut Bronin (2010) "behindern Windturbinen nicht nur die Wettervorhersage und die natürlichen Wettermuster selbst".

34.1.1 Nachhaltigkeit und der "heimische Wähler"

Rule, Troy A. (2010) sieht die Notwendigkeit von Landbewirtschaftungspraktiken, wenn es um nachhaltige Entwicklung auf lokaler Ebene geht. Einige Maßnahmen können die lokale Flächennutzung auf kommunaler Ebene bereichern, während andere Maßnahmen das

Gegenteil zu bewirken drohen. Nachhaltige Entwicklung erfordert neue Ansätze für Flächennutzungsgenehmigungen, Bauvorschriften und Stadtplanung (Rule 2010). Initiativen für grünes Bauen und intelligentes Wachstum sind lobenswerte Mittel zur Einsparung von Energie, Wasser und Land, ohne die Ästhetik der Gemeinschaft wesentlich zu beeinträchtigen. Die Entwicklung grüner Entwicklungsstrategien auf kommunaler Ebene ist jedoch nur für Hausbesitzer und Wähler vertretbar.

Kapitel 35

35.1 Die Definition von Micro Grid

Laut Bronin, Sara C. (2010) handelt es sich bei Mikronetztechnologien um nahe gelegene Niederspannungs-Verteilersysteme, die den Energiebedarf mehrerer Nutzer mit verschiedenen Technologien decken können. Ein Mikronetz besteht aus zwei verschiedenen dezentralen Erzeugungsanlagen - unterirdisch gelagerte Brennstoffzellen oder PV-Anlagen auf mehreren Dächern mit Speichermöglichkeiten (Hybridbatterien), um mehrere Kunden/Hausbesitzer zu versorgen. Das System garantiert die Gesamtproduktion der Last für die Kunden mit einem Energiemanagement in Echtzeit. Mikronetze können von einem zugänglichen zentralen Verwaltungspunkt aus verwaltet werden. Das Mikronetz ist in der Lage, Haushalte über einzelne Zähler zur direkten Überwachung anzuschließen.

Nach Ansicht von Rule, Troy A. (2010) bieten Mikronetz-Solarsysteme einzigartige Vorteile an heißen Sonnentagen, wenn die Kunden während der Spitzenzeiten die Klimaanlagen nutzen. Die Nutzung von Solarenergie auf Dächern bremst auch die Ausbreitung der Energieversorgung, ohne dass neue Übertragungsleitungen durch unberührte ländliche Gebiete erforderlich sind.

35.1.1 Warum Mikronetze?

Rule, Troy A. (2010) verdeutlicht den Nutzen von Mikronetzen auf kommunaler Ebene, indem er die Verwaltungsverfahren, die Planung, den Erwerb und die Installation, die Wartung und die Instandhaltung der Geräte sowie den Verkauf von Energie skaliert, was einen wirtschaftlichen Sinn ergibt.

Mohammadi, M. et al. (2011) weisen auf die Effizienz von Mikronetzen in Spitzenzeiten hin, in denen die Energie direkt von den Batteriewechselrichtern geliefert wird, wodurch die Übertragungsverluste reduziert werden, die häufig bei konventionellem Strom entstehen. Mikronetze bieten auch Hilfsdienste an, indem sie am Punkt der gemeinsamen Kopplung mit einem Leistungsfaktor von Eins arbeiten. Wiseman & Bronin (2013) kombinierten Flexibilität und Anpassungsfähigkeit, die dem Umfang der Kundennachfrage entsprechen. Mikronetze wurden von (Wiseman & Bronin 2013) als die einzige Energiealternative anerkannt, die die Ausbreitung der Energieversorgung reduziert, ohne grundsätzlich auf massive Übertragungsleitungen oder parallele Infrastrukturen für andere Versorgungsunternehmen angewiesen zu sein.

Laut Wiseman & Bronin (2013) können die Endverbraucher durch den Einsatz von Mikronetzen zwanzig bis fünfundzwanzig Prozent der Energiekosten gegenüber der konventionellen Energieerzeugung sparen. Dies würde die Kosten für die Endverbraucher in den SSA-Ländern senken, wenn sie in den meisten Gemeinden als Mittel zur Senkung der hohen Energiekosten für über 600 Millionen Menschen, die keinen Zugang zu Elektrizität haben, umgesetzt werden.

35.1.2 Topologie eines Mikronetzes auf der Grundlage hybrider erneuerbarer Energiequellen

Mohammadi, M et al. (2011) haben eine Topologie für Mikroverteilnetze beschrieben. Der Autor schlug eine Kombination aus Brennstoffzelle und Batteriebank als Speicher für effiziente, skalierbare und schadstoffarme Mittel zur Erzeugung elektrischer Energie aus Photovoltaik (PV) vor. Laut German-Netz (2015) beträgt das kumulative Volumen für Elektroauto-Batterien etwa 7 GWh. Bis 2030 kann eine kumulierte Kapazität von einer TWh bei einer jährlichen Wachstumsrate von 31% erreicht werden. Hoffmann in (German-Netz 2015) hält diese Wachstumsrate für realistisch, da das Wachstum der Solarenergie zwischen 2000 und 2010 auf 41% gestiegen ist. Daher ist eine kWh zu 100 $ bis 2030 bei einer reduzierten Preisannahme von 7% erreichbar. Solaringenieure werden von (Mohammadi, M et al 2011) daran erinnert, Brennstoffzellen als Backup zu installieren, um bei geringer PV-Leistung eine zuverlässige dezentrale Erzeugung zu gewährleisten. Dem Autor zufolge kann die langsame Dynamik der Brennstoffzelle durch die Hinzufügung eines Batteriespeichers kompensiert werden". Die Brennstoffzelle kann während der Betriebszeit der Batterie in einem stabilen Modus betrieben werden. Der Wissenschaftler *veranschaulicht die verteilte Stromerzeugung durch Hybrid-PV=Brennstoffzelle und Batterie in Abbildung 35.1 unten.*

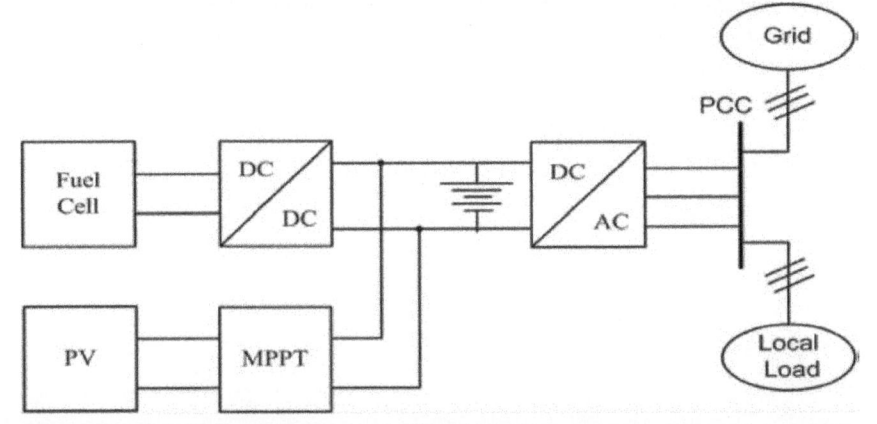

Abbildung 35.1 Verteilte Hybridstromerzeugung Quelle: Mohammadi, M. et al. (2011)

Kapitel 36

36.1 Bezirksebene Grid (DLG)

Krishnamurthy, Saravan et al. (2014) zeigen auf, wie Indien versucht hat, die Bürger auf Distriktebene durch gut gemeinte Programme mit Strom zu versorgen. Von der Flexibilität des Elektrifizierungssystems profitierten 6 Millionen Haushalte über einen Zeitraum von 15 Jahren. Die Projektumsetzung war jedoch aufgrund verschiedener Faktoren, die mit der Energieversorgung des öffentlichen Sektors zusammenhängen, ineffizient, wodurch die meisten Begünstigten in den Dörfern erheblich benachteiligt wurden.

Krishnamurthy, Saravan et al. (2014) rieten den Nationen, erneuerbare Energien als entscheidenden Vorteil für die Energieversorgung ländlicher Haushalte einzusetzen. Laut Krishnamurthy et al. (2014) können erneuerbare Energien die Abhängigkeit vom Stromnetz verringern und die Kontrolle über selbstbestimmte Zeitpläne für die Erzeugung und den Verbrauch von Strom erhöhen. Die SSA-Länder könnten durch den Einsatz erneuerbarer Energien Größenvorteile erzielen, um technische und Verteilungsverluste zu verringern, Engpässe bei der Stromnachfrage zu reduzieren, die Selbstversorgung der Endkunden zu verbessern und eine zuverlässige Reserveversorgung mit weniger Umweltverschmutzung als Kerosin zu gewährleisten, das in den Dörfern der Entwicklungsländer meist verwendet wird.

Kapitel 37

37.1 Kosten für den Anschluss an die herkömmliche Stromversorgung

Geginat, Carolin & Ramalho, Rita (2015) schätzten in ihrem Weltbankbericht über Stromanschlüsse die durchschnittlichen Anschlusskosten auf 7.803 % des Pro-Kopf-Einkommens in Ländern mit niedrigem Einkommen, 108 % in Ländern mit hohem Einkommen und 620 % in Ländern mit mittlerem Einkommen. In den afrikanischen Ländern südlich der Sahara und in Südasien werden die Kosten auf 6.099 % bzw. 2.115 % des Pro-Kopf-Einkommens geschätzt (Geginat, Carolin & Ramalho, Rita 2015), wobei bei all diesen Berechnungen die Kosten für den Ausbau der Wasserkraft in den aufgeführten Volkswirtschaften zu unerschwinglichen Kosten und die Ineffizienz bei der Bereitstellung berücksichtigt wurden.

37.1.1 Sonstige Maßnahmen im Bereich Elektrizität

Geginat, Carolin & Ramalho, Rita (2015) weisen darauf hin, dass die Qualität der Stromversorgung in den SSA-Ländern völlig unzureichend ist. Die wahrgenommene Qualität der Energielieferung hat zu vielen Erzeugungsverlusten aufgrund von Unterbrechungen und Bestechungszahlungen geführt. In den Ländern mit niedrigem Einkommen liegt die durchschnittliche Elektrizitätsrate bei 23 % und in den Ländern mit höherem Einkommen bei 99 %. Die Übertragungs- und Verteilungsverluste betragen in Ländern mit hohem Einkommen durchschnittlich 7 %, in Ländern mit niedrigem Einkommen 20 % und in Ländern mit niedrigem und mittlerem Einkommen 18 %. Die Verluste bei der Stromerzeugung durch Stromausfälle reichen von 1 % des Umsatzes eines durchschnittlichen Unternehmens in Ländern mit hohem Einkommen bis zu 8 % in Ländern mit niedrigem Einkommen (Geginat & Ramalho 2015). Diese Verluste sind auf eine unsachgemäße Netzplanung zurückzuführen, bei der gepflanzte Strommasten ohne Anschluss an die Haushalte ungenutzt bleiben. Ein Beispiel ist eine bevölkerte Gemeinde mit 1000 Einwohnern, in der etwa 150 Masten mit Unterbrechungen aufgestellt sind. Im Durchschnitt erhält jede Person 7 Masten mit Zubehör, die an ihr Haus angeschlossen sind. Dabei ist es wirtschaftlich rentabel, die Lücke mit einem Mast für etwa 50 Einwohner zu schließen, wenn man es richtig plant. Geginat & Ramalho (2015) stellen eine positive Korrelation mit der Zeit und den Kosten für einen Anschluss fest, während eine negative Korrelation zwischen der Wahrnehmung der Stromqualität und der Bestechung bei den Stromindikatoren besteht. Die Autoren verzeichneten den höchsten Korrelationskoeffizienten zwischen dem Wert für die Stromqualität (0,65) und dem Wert für Bestechung (0,83).

Um die Kosten für die SSA-Länder zu senken, schlägt der Wissenschaftler ein Mikronetz für Solarenergie vor, in dem die Reduzierung von Verlusten und Kosten sichtbar zusammengefasst werden kann, wie *in der Abbildung unten dargestellt*.

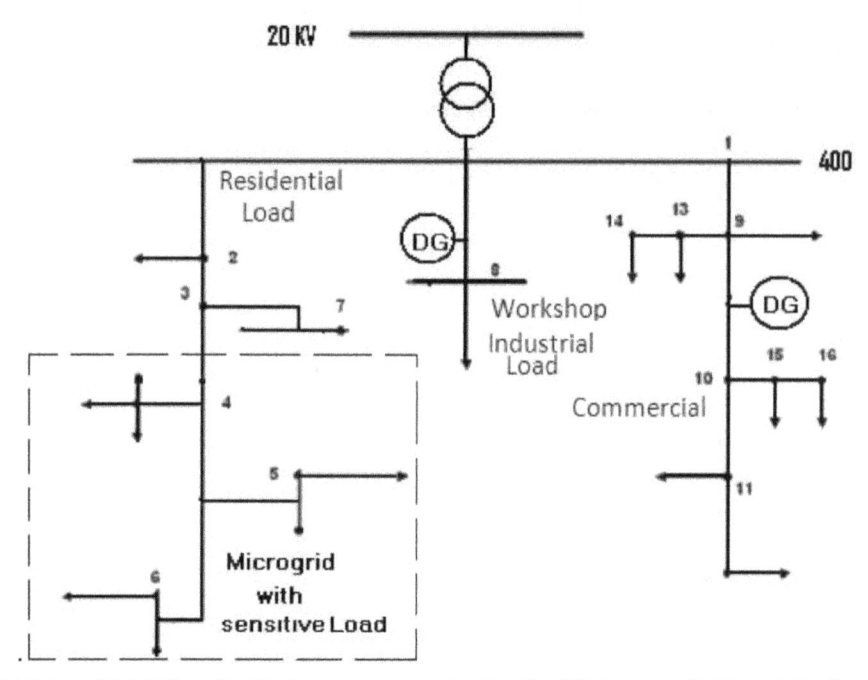

Abbildung 37.1 Fallstudie Niederspannungsnetz. Quelle: (Mohammadi, M et al 2011)

37.1.2 Brennstoffzelle

Eine hybride Solar- oder Windenergie-Komfortfähigkeit ist die Kombination von Brennstoffzellen als Versprechen für ein dezentrales Erzeugungsnetz mit hohem Wirkungsgrad, Null-Emission und flexibler modularer Struktur.

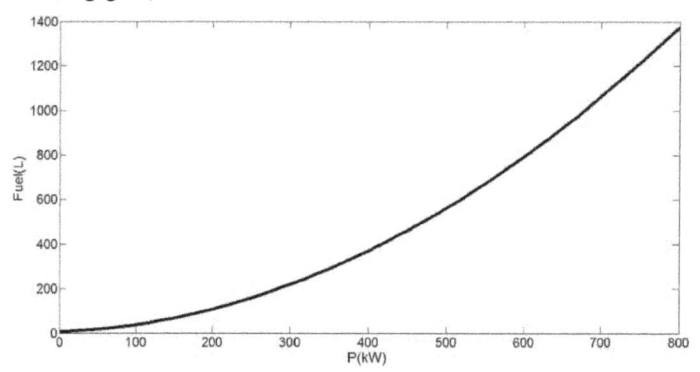

Abbildung 37.1 Brennstoff-Leistungs-Kurve für die Brennstoffzelle Quelle: (Mohammadi, M et al 2011)

Kapitel 38

38.1 Wirtschaftliche Analyse von Micro Grid

Mohammadi et al. (2011) rieten den SSA-Ländern, bei der Implementierung eines Mikronetzsystems die Kapital-, Ersatz-, Betriebs-, Wartungs- und Brennstoffkosten zu analysieren. Die Autoren empfehlen, dass die jährlichen Kosten mit den jährlichen Kapitalkosten, den jährlichen Ersatzkosten und den jährlichen Betriebs- und Wartungskosten gleichgesetzt werden. Für ein hybrides System ist es wirtschaftlich sinnvoll, den jährlichen Zinssatz durch die Verwendung der Diskontsatzvariable einzugeben. Die Welt empfiehlt in diesem Stadium eine Energiespeicherung, die die Energiekosten für die Kunden senken könnte. Diese Speichermöglichkeit macht es ideal für Solarenergie Batteriespeicher Gerät eine wichtige Voraussetzung für hybride Solar-oder Windenergie-System, das erheblich verbessert die Last Verfügbarkeit zu allen Zeiten.

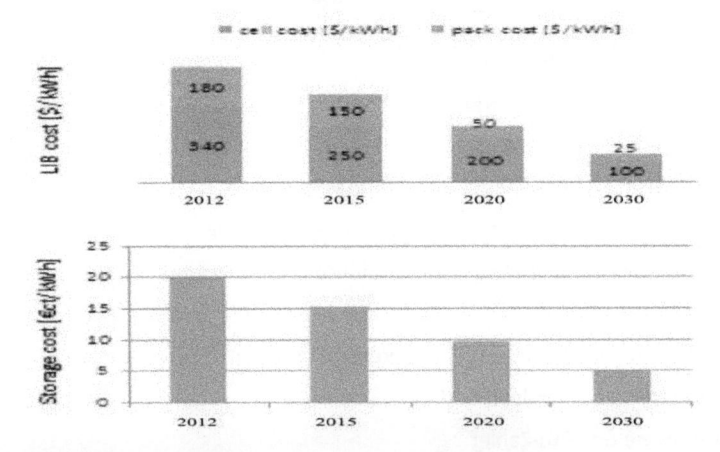

Abbildung 38.1 Kostenvariablen einer erneuerbaren Zelle

Kapitel 39

39.1 Komplexität der Fähigkeit auf der Grundlage eines einfachen Designs

Milder, Fredric (2012) sieht in der Entscheidungsfindung bei zentralisierten Steuerungssystemen keine größere Komplexität als die Verwendung eines standardisierten primären/sekundären Regelkreises, der eine Vielzahl von Konfigurationen zur Anpassung an komplexe Systeme ermöglicht. Milder (2012) empfiehlt zentralisierte Computer- und Relaismodule, die für Mess- und Steuerkonzepte entwickelt wurden, einschließlich Relais, Signalkonditionierung, Messung und Multiplexschaltung von etwa 70 Widerständen und Niederspannungs-Gleichstromeingängen. Dieses einzigartige zentralisierte System übernimmt alle Entscheidungen, die Steuerung und die Benutzerschnittstelle mit mehr als 250 Daten alle fünf Minuten kontinuierlich und hält die Daten auf Dauer. Milder (2012) rät den SSA-Ländern, die folgenden Systemschnittstellen für eine effektive Integration des Mikronetzes einzubeziehen:

- Sonnenkollektoren und Wärmetauscher;
- Erdgasbefeuerter, modulierender Brennwertkessel;
- Ein Verteiler für Fußbodenheizung, der eine Ventilheizzone versorgt;
- Ein Sockelleistenverteiler, der eine Ventilheizzone versorgt;
- Ein Verteiler auf der Glykolseite der Wärmetauschereinspeisung:
- Ein "Spa" (in Wirklichkeit eine große isolierte Kühlbox);
- Wärmespeicher;
- Sechs Pumpstationen (eine Solaranlage, fünf Verteileranlagen);
- eine Pumpe für den Primärkreislauf; und
- Mehrere Thermostate und Btu-Zähler.

Die oben genannten Integrationselemente werden die Effektivität der Software-Arrays im zentralisierten Kontrollsystem für flexible interaktive Prozesse mit allen Systembedingungen verbessern. Das integrative System verfügt über die Fähigkeit, Wetterdaten vorherzusagen, ein individuelles Steuerungssystem für eine einfache Diagnose und eine intuitive Interaktion mit den Systemparametern. Dieses integrative System setzt voraus, dass alle Zwischen- und Steuergeräte eliminiert werden. Der zentralisierte Computer ersetzt Sollwertregler, Differenzialregler, Regler für Solarpumpstationen usw. und macht das System flexibler für die Verwaltung unter allen Bedingungen (Milder 2012).

Kapitel 40

40.1 Smart Grid für erneuerbare Energien

Byun, Jinsung et al. (2011) stellen fest, dass die Erdtemperatur um 0,74 Grad Celsius angestiegen ist, was zu verschiedenen Umweltproblemen wie Klimawandel und steigendem Meeresspiegel führt. Viele nachgewiesene Forschungsergebnisse führen den hohen Temperaturanstieg auf die Nutzung fossiler Brennstoffe in den Industriegebieten zurück. Der beobachtete Temperaturanstieg, der auf den höheren Verbrauch fossiler Brennstoffe zurückzuführen ist, hat viele Länder dazu veranlasst, ein integratives System, die so genannte Smart-Grid-Technologie, einzuführen, um dem höheren Energieverbrauch der Kunden zu begegnen. Bei der Smart-Grid-Technologie handelt es sich um ein Zwei-Wege-Kommunikationssystem, das grundsätzlich in der Lage ist, die Netzbedingungen zu erfassen, die Leistung zu messen und Geräte zu steuern, "mit Zwei-Wege-Kommunikation zu den Stromerzeugungs-, Verteilungs- und Verbraucherteilen des Stromnetzes" (Byun, Jinsung et al 2011).

Popovic, Zeljko, N et al. (2012) stellt das Konzept des intelligenten Netzes als integratives Verteilungssystem vor, das in der Lage ist, erneuerbare Erzeuger wie Solar- und Windkraftanlagen, kleine Wasserkraftwerke und Biomasse in Mittel- und Niederspannungsnetzen unterzubringen, um eine maximale Stromerzeugung zu erreichen.

SMART GRID soll den Betrieb und die Nutzung der Verteilernetzinfrastruktur optimieren, um Lastspitzen zu verringern, Investitionen zu verschieben und durch den Einsatz intelligenter Netzkomponenten die Verluste bei der Stromerzeugung zu reduzieren.

Intelligente Netze werden eingesetzt, um den Verbrauchern bessere Informationen und Wahlmöglichkeiten bei der Versorgung zu bieten und ihnen die Möglichkeit zu geben, an der Optimierung des Systembetriebs mitzuwirken. Dies ermöglicht dem Kunden eine flexible Auswahl von Lastprofilen als Reaktion auf den Strompreis. Smart Grid ist eine zuverlässige Quelle für Demand Response als Instrument des Energiemanagements.

Ein intelligentes Stromnetz kann auch erneuerbare Energien wie Solar- und Windenergie integrieren, was in den Ländern der südlichen Hemisphäre besonders gefragt ist. Byun et al. (2011) empfehlen den Regierungen der SSA-Länder nachdrücklich die Smart-Grid-Technologie als Mittel zur Lösung ihrer Energieunabhängigkeit und Umweltprobleme. Abbildung 40.1 *zeigt das Konzept der Smart-Grid-Technologie*

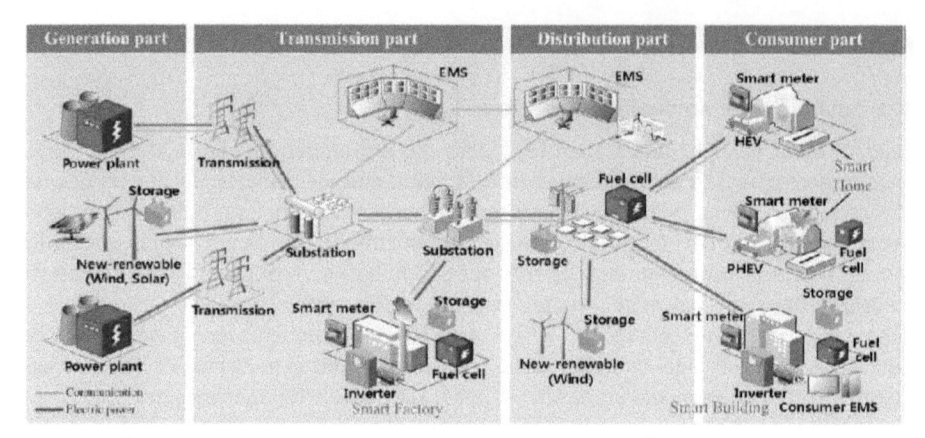

Abbildung 40.1 Konzept eines intelligenten Netzes (Erzeuger-, Übertragungs-, Verteiler- und Verbraucherteil) Quelle: (Byun, Jinsung et al 2011)

Aus der Sicht von Byun, Jinsung et al. (2011) ist es angesichts des allmählichen Anstiegs der erneuerbaren Energien ratsam, dass die SSA-Länder Maßnahmen ergreifen, um künftige Probleme beim Betrieb des Energiesystems zu lösen. Um ein optimales Ergebnis bei der Verteilung erneuerbarer Energien zu erzielen, sind Frequenz und Spannung laut Byun et al. (2011) Schlüsselthemen, die durch die Integration der besten intelligenten Managementfunktionen angegangen werden müssen.

Lyster, Rosemary (2010) erinnert die politischen Entscheidungsträger daran, bei der Gestaltung der Energiepolitik vier Hauptziele im Auge zu behalten: eine sichere, reichhaltige und vielfältige Primärenergieversorgung, eine robuste, zuverlässige Infrastruktur für die Energieumwandlung und -bereitstellung, erschwingliche und stabile Energiepreise sowie eine ökologisch nachhaltige Energieerzeugung und -nutzung. Diese Ziele sind die Hauptargumente für die Smart-Grid-Technologie, die die Energieversorgung, die Eindämmung des Klimawandels und den bidirektionalen Energiefluss sowie die Kommunikation in beide Richtungen verbessert.

Kapitel 41

41.1 Integrierte Wertschöpfungskette des Energiemanagements

Bush (2013) über den Energieverbrauch im Bergbausektor weist auf die Notwendigkeit hin, dass Unternehmen die Wertschöpfungskette des Energiemanagements als Mittel zur Reduzierung von Treibhausgasemissionen integrieren. Die THG-Emissionen des Bergbausektors sind das Ergebnis der direkten Verbrennung durch den Betrieb oder der indirekten THG-Emissionen von einem externen Versorgungsunternehmen. Die Strategien zur Verringerung der THG-Emissionen variieren von Land zu Land; insbesondere Kohlendioxid wird hauptsächlich durch Energie und die entsprechenden Kosten pro Produktionseinheit im gesamten Betrieb verringert. Ein Faktor, der mit den Produktionskosten im Bergbausektor zusammenhängt, sind die Energiekosten. Um die Energiekosten zu senken, müssen die Unternehmen ihre Energiekosten pro Einheit reduzieren, um einen nachhaltigen Betrieb während des Abschwungs zu gewährleisten. Dies bietet die Möglichkeit, Gesundheit und Sicherheit der Mitarbeiter, die Einhaltung von Umweltauflagen, das Immobilienmanagement und das Gebäudemanagement in das Unternehmen zu integrieren, um Kriterien für eine erfolgreiche Unternehmenssteuerung zu schaffen. Durch die Kombination von Sicherheit und Gesundheitsschutz der Mitarbeiter mit dem Energiemanagement werden neuere, effizientere Geräte angeschafft, um die Energiekosten zu senken und gleichzeitig die Sicherheit der Mitarbeiter zu gewährleisten, wie in Abbildung 41.1 dargestellt.

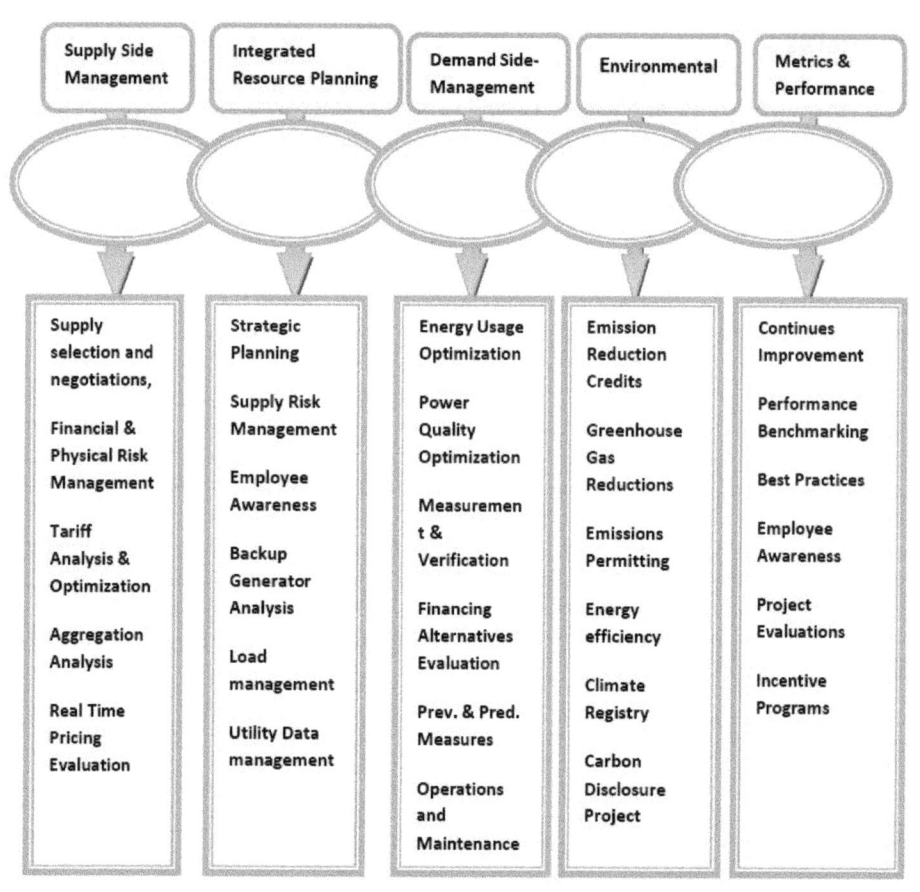

Supply Side Management	Integrated Resource Planning	Demand Side-Management	Environmental	Metrics & Performance
Supply selection and negotiations,	Strategic Planning	Energy Usage Optimization	Emission Reduction Credits	Continues Improvement
Financial & Physical Risk Management	Supply Risk Management	Power Quality Optimization	Greenhouse Gas Reductions	Performance Benchmarking
Tariff Analysis & Optimization	Employee Awareness	Measurement & Verification	Emissions Permitting	Best Practices
Aggregation Analysis	Backup Generator Analysis	Financing Alternatives Evaluation	Energy efficiency	Employee Awareness
Real Time Pricing Evaluation	Load management	Prev. & Pred. Measures	Climate Registry	Project Evaluations
	Utility Data management	Operations and Maintenance	Carbon Disclosure Project	Incentive Programs

Abbildung 41.1 Integrierte Wertschöpfungskette des Energiemanagements Quelle (Bush 2013, geändert vom Autor)

Kapitel 42

42.1 Bewertung der Kosten

Für die SSA-Länder ist es von größter Bedeutung, die Kosten jeder einzelnen Solaranlage nach ihrem wirtschaftlichen Nutzen zu bewerten. Es ist ratsam, dass die Kostenbewertung mit den lokalen Anreizmechanismen übereinstimmt. Deutschland, das Land, das die Einspeisevergütung (FiT) eingeführt hat, wurde zu einem Exportschlager in über 50 Ländern weltweit.

Pegels, Anna & Lutkenhorst Wilfried (2014) weisen darauf hin, wie wichtig es ist, FiT als Maßstab für eine wirksame Politikgestaltung in SSA-Ländern zu verwenden, um den Ausbau erneuerbarer Energien zu unterstützen. FiT kann intensiv genutzt werden, um die begrenzte Verfügbarkeit von annualisierten Daten für Kreditanträge sowie Forschungs- und Entwicklungsausgaben (F&E) zu betrachten.

Kapitel 43

43.1 Das endgültige Urteil

Die Länder der SSA sind mit enormen natürlichen Ressourcen gesegnet, wie Gold, Öl und Gas, Bauxit, Mangan, Holz, Diamanten, Eisen, Phosphat usw. Dennoch sind die SSA-Länder die am stärksten benachteiligten Länder in Bezug auf die wirtschaftliche Entwicklung. Die von der Natur geschenkten Ressourcen fließen entweder in den Haushalt einer einzelnen Familie oder werden von den Regierungschefs schlecht verwaltet. Visionslose Führungspraktiken in den SSA-Ländern haben zu wirtschaftlichen Herausforderungen für die Bürger geführt. Trotz dieser enormen Ressourcen haben über 600 Millionen Menschen keinen Zugang zu Elektrizität, die ein grundlegendes Menschenrecht ist.

Die Umwandlung der natürlichsten Ressource, der "SONNE", in Elektrizität, um das Defizit auszugleichen, wird von vielen Regierungen in den Ländern der südlichen Hemisphäre nicht als Privileg/Chance angesehen. Ihre Amtskollegen in den meisten "sonnenärmeren Ländern" wie Europa, Russland, Japan und China usw. sehen in der Solarenergie jedoch die einzige Ressource, die die Herausforderungen des Klimawandels, mit denen die Welt heute konfrontiert ist, erheblich verringern könnte. Der Klimawandel hat größere Auswirkungen auf die Entwicklungsländer als auf die Industrieländer. Die Industrieländer haben wichtige Anpassungsstrategien gegen die Auswirkungen des Klimawandels umgesetzt, während die Entwicklungsländer sich mehr um bilaterale Spenden für verschiedene *unbedeutende Entwicklungs*"-Agenden kümmern als um die Anpassung an den Klimawandel und dessen Eindämmung.

Die Regierungen der SSA-Staaten sind eher bereit, ausländische Kredite zur Finanzierung ihrer jährlichen Haushalte oder für andere Projekte wie Straßen, Krankenhäuser usw. aufzunehmen. Straßen und Krankenhäuser benötigen Energie für Straßenbeleuchtung und Krankenhausbeleuchtung. Idealerweise würde die Suche nach ausländischen Investoren in Solarenergiesektoren mit Unterstützungsmechanismen für saubere Energie die besten Größenvorteile bringen.

Die Entwicklung des Privatsektors ist ein Schlüssel zur Beschäftigungsentwicklung in allen Wirtschaftssektoren, wenn sie richtig geplant wird. Die Einnahmen aus den verfügbaren Ressourcen könnten leicht in Wirtschaftsbereiche investiert werden, die für die Länder des südlichen Afrikas bedeutende Ergebnisse bringen könnten. Eine Wirtschaft ohne politische Unterstützung für Investitionen des Privatsektors ist zum Scheitern verurteilt, was das Wirtschaftswachstum angeht. Die Entwicklung des Privatsektors ist ein Schlüsselfaktor für nachhaltiges Wirtschaftswachstum. Die Abhängigkeit von ausländischer Entwicklungshilfe bedeutet nicht unbedingt Entwicklung, sondern eher einen *"wirtschaftlichen Abfluss"* für künftige Generationen.

Investitionen im Energiesektor würden die Produktion erheblich steigern und mehr Arbeitsplätze schaffen. Die Schaffung von Arbeitsplätzen ist für die meisten Industrieländer das wichtigste Ziel. Energie ist ein Schlüsselfaktor für eine nachhaltige Entwicklung, die eine pragmatische Politik erfordert, um die Beteiligung des Privatsektors zu fördern. Der private Sektor ist weltweit als Wachstumsmotor anerkannt. Eine Regierung, die sich zu 70 % auf die Entwicklung des Privatsektors konzentriert, gilt als *"seriöser"* Wirtschaftsplaner, während eine Regierung, die sich zu 30 % auf die Entwicklung des Privatsektors konzentriert, als *"korrupte"* Regierung mit einem schwachen institutionellen Rahmen für die Plünderung von Ressourcen gilt.

Entwicklungsländer können durch ein strategisches Bildungssystem, das die Selbstberufung und die Förderung des technischen Unternehmertums fördert, leicht mehr Arbeitsplätze für ihre benachteiligten Bürgerinnen und Bürger schaffen.

Aus einer Umfrage (Lumor 2012) geht hervor, dass erneuerbare Energien sowohl in den ländlichen als auch in den städtischen Gebieten der SSA-Länder zu mehr Arbeitsplätzen und sozialer wirtschaftlicher Entwicklung führen könnten. Die Staats- und Regierungschefs der SSA-Länder müssen für sozioökonomische Entwicklungen zusammenarbeiten und gemeinsam Entscheidungen treffen. Ressourcenmanagement und visionäre Planung sind Schlüsselelemente für die Führung von SSA-Ländern. Die Entwicklung aus Gewinnen aus eigenen Ressourcen durch Wertschöpfung für den Export könnte das Wirtschaftswachstum in den SSA-Ländern stabilisieren. Die Abhängigkeit von der politischen Führung zehrt an den SSA-Kassen. Ein Land, das sich mehr auf politisch *"unqualifizierte"* Angestellte konzentriert als auf die Verbesserung des Privatsektors, ist *selbstzerstörerisch bis hin zum selbstmörderischen wirtschaftlichen Scheitern"*. Ein Land, das mehr von ausländischen Entwicklungskrediten als von der Wertschöpfung aus natürlichen Ressourcen abhängig ist, ist ein Versager und kein visionärer Führungsstil. Visionäre Führer wählen zwischen Wertschöpfung und Wirtschaftswachstum für ihre Bürger. Das Wirtschaftswachstum sollte auf die Energieversorgung aller Wirtschaftssektoren ausgerichtet sein, um ein nachhaltiges Wachstum zu erreichen. Die Entwicklung von Maßnahmen zur Bewältigung der globalen Kohlendioxidemissionen hängt von den Energieprognosen der einzelnen Länder in Bezug auf Wirtschaftswachstum und Energieverbrauch ab. Der rasche Anstieg des Energiebedarfs in den Ländern der südlichen Hemisphäre erfordert ein wichtiges neues Element in der Energiegleichung.

Nach Li, Jie und Ayres, Robert (2008) hängt das ursprüngliche Modell von Solow von zwei Variablen oder Produktionsfaktoren ab, nämlich dem Gesamtarbeitsangebot und dem Gesamtkapitalstock. Die SSA-Länder konnten diese beiden Faktoren jedoch nicht nutzen, um das Produktionsniveau ihrer Volkswirtschaften für ein nachhaltiges Wachstum zu erkennen. Das Solow-Residuum könnte von den SSA-Ländern genutzt werden, um das Pro-Kopf-Wachstum der Produktion um 80 % zu steigern. Dieser exogene Multiplikator *"residualer technischer Fortschritt"*, der als Produktionsfunktion bezeichnet und als exponentielle Funktion der Zeit mit einer konstanten durchschnittlichen Rate von etwa 2,5 % pro Jahr auf der Grundlage der Vergangenheit ausgedrückt wird, ist für die Bewertung des Wirtschaftswachstums der SSA-Länder erforderlich.

Prognose und Elastizität der Stromnachfrage

Bildirici, M. E. und Kayik^i, Fazil (2012) untersuchten die Beziehung zwischen Stromverbrauch, BIP-Wachstum und Stromeinsparungsmaßnahmen. Sie stellten vier Hypothesen auf: Neutralität, Einsparung, Rückkopplung und Wachstumshypothese. Bildirici & Kayik^i (2012) weisen eindeutig darauf hin, dass die Wachstumshypothese das BIP beeinträchtigen kann, da Energieeinsparungen das Wirtschaftswachstum fördern können. Die Autoren argumentieren daher, dass BIP-Wachstum und Energiesparpolitik von den Staaten umgesetzt werden können, ohne dass dies notwendigerweise Auswirkungen auf das

BIP hat. Es ist ratsam, dass sich die SSA-Länder auf die Neutralitätshypothese konzentrieren, da sie nur einen kleinen Teil der Produktion ausmachen, der nicht notwendigerweise eine Kausalität zwischen Energieverbrauch und BIP aufweist. Die Rückkopplungshypothese hingegen hat nach Ansicht der Autoren einen signifikanten Einfluss auf den Energieverbrauch, der durch eine erhöhte Industrieproduktion mit hohem Einkommen zu einem Anstieg des BIP führt, was eine bidirektionale Kausalität zwischen Energieverbrauch und DGP ergibt. Aufgrund der bidirektionalen Kausalität müssen die SSA-Länder in der Lage sein, Strategien für industrielles Wachstum zu entwickeln, indem sie ihre Energieinfrastruktur ausbauen und ihre Arbeitskräfte aus- und weiterbilden.

Aus der Sicht von Li, Jie und Ayres, Robert (2008) hat die Zunahme des industriellen Wachstums in den Industrieländern nicht signifikant mit der Solow-Theorie abgenommen, während in den meisten Entwicklungsländern (SSA-Ländern) das wirtschaftliche und industrielle Wachstum nicht mit der Industrialisierung mithalten kann.

Referenz

Abdulsalam, D et al (2013) An Assessment of Solar Radiation Patterns for Sustainable Implementation of Solar Home Systems in Nigeria, *American International Journal of Contemporary Research Vol. 2 # 6.*

Bildirici, M.E und Kayik^i, Fazil (2012) Economic growth and electricity consumption in former Soviet Republics, *A journal of Energy Economics Vol. 34 pp. 747-753*

Crossley, Penelope J. (2013) Designing Sustainable Development? The effectiveness of PV solar regulation in Australia and China, A *journal of Sydney Law School Legal Studies Research Paper No. 13/20*

Chandukala, Sandeep R et al (2008) Choice Models in Marketing: Economic Assumptions, Challenges and Trends, *A journal of Foundations and Trends in Marketing Vol. 2, No. 2 pp. 97-184*

Chandukala, Sandeep & Nair, Harikesh S. (2010) Marketing Models of Consumer Demand, *A journal of University of Chicago Booth School of Business working Paper #11- 11*

Chintagunta, Pradeep K. & Nair, Harikesh S. (2010) Marketing Models of Consumer Demand, *A journal of University of Chicago Booth School of Business Working Paper Vol 11 #11*

Bush, Victor M (2013) Integriertes nachhaltiges Energiemanagement in Bergbaubetrieben, *A journal of Sustainable Energy Engineering*

Bronin, Sara C. (2010) Curbing Energy Sprawl with Micro grids, *Eine Zeitschrift der Connecticut Law Review Vol. 43 #2*

Byun, Jinsung et al (2011) A Smart Energy Distribution and Management System for Renewable Energy Distribution and Context-aware Services based on User Patterns and Load Forecasting, *A journal of IEEE Transactions on Consumer Electronics, Vol. 57, #2.*

EIA ((2013) Energiestatistik, *Eine Zeitschrift der OECD-Länder Energiestatistik*

Eisen, Joel B. (2010) Can Urban Solar Become A "Disruptive" Technology? The Case For Solar Utilities, A *Notre Dame Journal of Law, Ethnics & Public Policy Vol. 24*

Geginat, Carolin & Ramalho, Rita (2015) Electricity Connections and Firm Performance in 183 Countries, *A journal of World Bank Research Working Paper Vol. 7460*

German-Netz (2015) FIGHTING SUB SAHARAN AFRICA ENERGY POVERTY USING FREE MARKET PRINCIPLES & FITs

Glennon, Robert & Reeves Andrew M (2010) Solar Energy's Cloudy Future, *Eine Zeitschrift des Property and Environment Research Center Arbeitspapier von Arizona Legal Studies Discussion Paper vol. 10 #45*

Groba, Felix et al (2011) Assessing the Strength and Effectiveness of Renewable Electricity Feed-in Tariff s in European Union Countries, *Eine Zeitschrift des Deutschen Instituts für Wirtschaftsforschung-Discussion Papers #1176*

Gwynne, Peter & Frishberg, Manny (2013) Incentives Spark Solar Energy Boom for Japan, *A journal of Research Technology Management*

Hirth & Ziegenhagen (2013) Balancing Power and Variable Renewable: A Glimpse at German Data, *Eine Zeitschrift des Potsdam-Instituts für Klimafolgenforschung*

Hughes, Bill et al (2015) An integrative System Approach to Teaching Solar Energy Collection, *A journal of engineering Technology Teaching*

ICAP (2016) Emissionshandel weltweit, *Eine Zeitschrift der International Carbon Action Partnership (ICAP) Statusbericht 2016*

Korngold Gerald (2014) Conservation Easements and the Development of New Energies: Fracking, Wind Turbines, and Solar Collection, *A Journal of Energy Law and Resources, Vol. 3, No. 1*

Krishnamurthy, Saravan et al (2014) Creating Environment Friendly Projects in Rural India - A Synergy Framework for Sustainable Renewable Energy, *A journal International Journal of Applied Engineering Research Vol. 9, # 24 pp. 26719-26738*

Li, Jie und Ayres, Robert (2008) Wirtschaftswachstum und Entwicklung: Towards a Catchup Model. *A journal of Environmental Resource Economics Vol. 40 pp 1-36*

Lobel, Ruben & Perakis Georgia (2011) Consumer Choice Model for Forecasting Demand and Designing Incentives for Solar Technology, *Eine Zeitschrift der MIT Sloan School Management Working Paper 4872-11*

Lumor, R.K. (2012) Energy Consumption and Energy Efficiency Strategies for Sustainable Economic Growth in Sub-Saharan Africa (A Case Study on Ghana), *A journal of energy efficiency of the university of Liverpool*

Lyster, Rosemary (2010) Smart Grids: Opportunities for Climate Change Mitigation and Adaptation (Möglichkeiten zur Eindämmung des Klimawandels und zur Anpassung), *A journal of Sydney Law School Legal Studies Research Paper Vol. 10 #57*

Matsui, Richard & Malaya Nicholas (2014) A Primer of Collateral-Related Risks Associated with Solar ABS, *A Journal of Structured Finance*

Micale & Deason (2014) Energy Savings Insurance, *Eine Zeitschrift des Global Innovation Lab for Climate Finance.*

Micale, Valerio et al (2015) Energy Savings Insurance: Pilot Progress, Lessons Learned, and Replication Plan, *Eine Zeitschrift für Global Innovation Lab for Climate Finance*

Milder, Fredric (2012) Advantages of Integrated Control in Solar Combi Systems, *A ASHRAE Journal of Technical Features*

Monk, Ashby et al (2015) Energizing the US Resource Innovation Ecosystem The Case for an Aligned Intermediary to Accelerate GHG Emissions Reduction, *A journal of US Resource Innovation Ecosystem*

Mormann, Felix (2014) Beyond Tax Credits: Smarter Tax Policy for a Cleaner, More Democratic Energy Future, *A Yale Journal on Regulation Vol. 31.# 2,*

Mormann, Felix (2015) Clean Energy Federalism, *Eine Zeitschrift des Intergovernmental Panel on Climate Change*

Mohammadi et al (2011) Optimal sizing of micro grid & distributed generation units under pool electricity market, A *Journal of renewable and Sustainable Energy. Vol.3 .5. pp 53-203.*

Nasr, Nabil (n.d) Energy innovation will drive production, *Zeitschrift für Innovation und Industrietechnik.*

Nelson, Jim (2012) A New Twist on Solar Cell Design, *Eine Zeitschrift für Energieeffizienz und Umwelt.*

Nissila, Heli et al (2014) Constructing Expectations for Solar Technology over Multiple Field-Configuring Events: A Narrative Perspective, *Eine Zeitschrift für Wissenschafts- und Technologiestudien*

Nahmmacher et al (2012) Carpe diem: A novel approach to select representative days for long-term power system models with high shares of renewable energy sources, *Eine Zeitschrift des Potsdam-Instituts für Klimafolgenforschung (PIK), Deutschland*

Nosrat und Pearce (2011) Dispatch Strategy and Model for Hybrid Photovoltaic and Trigeneration Power Systems, *A journal of Applied Energy Vol. 88 pp 3270-3276*

Outka, Uma (2013) Environmental Justice in the Renewable Energy Transition, A *journal of University of Kansas School of Law Working Paper.*

Pegels, Anna & Lutkenhorst Wilfried (2014) Is Germany's Energy Transition a case of successful Green Industrial Policy? Contrasting wind and solar PV, *A journal of German Development Institute,*

Popovic, Zeljko, N et al (2012) Smart Grid Concept in Electrical Distribution System, *A journal of Thermal Science Vol. 16, # 1, pp. 205-213*

Pursley, Garrick B. & Wiseman, H.J. (2010) Local Energy, *Zeitschrift der University of Texas School of Law, Public Law & Legal Theory Research Paper #168*

Rule, Troy A. (2010) Renewable Energy and the Neighbors (Erneuerbare Energien und die Nachbarn), *A University of Missouri Law School journal of Legal Studies Research Paper Series # 13*

Samad et al (2013) The Benefits of Solar Home Systems: An Analysis from Bangladesh, *A journal of World Bank Policy Research working paper #6724*

Sakhrani, Vivek & Parsons, John E (2010) ELECTRICITY NETWORK TARIF ARCHITECTURES A Comparison of Four OECD Countries, *Eine Zeitschrift des Center of Energy & Environmental Research Vol. 10 #008*

Seres, Steven (2008) Analysis of Technology Transfer in CDM Projects, *Eine Zeitschrift der UNFCCC Registration & Issuance Unit CDM/SDM*

Smith und Urpelainen (2014) Early Adopters of Solar Panels in Developing Countries: Evidence from Tanzania, *A journal of Review of Policy Research, Vol. 31, # 1 pp.1111 12061*

Sovacool, Benjamin K (2012) Design Principles for Renewable Energy Programs in Developing Countries, *A journal of Vermont Law School working Paper 06-13, on Energy & Environmental Science Vol. 5 pp 9157*

UNEP (2008) A Reformed CDM - including new Mechanisms for Sustainable Development, *Ein Journal des Capacity Development for CDM (CD4CDM) Projekts*

UNEP (2014) Global Trends in Renewable Energy Investment, *Eine Zeitschrift von UNEP & Frankfurt School of Management*

Ueckerdt, Falko et al (2014) Analyzing major challenges of wind and solar variability in power systems, *A Potsdam-Institut für Klimafolgenforschung*

Ummel & Wheeler (2008) Desert Power: The Economics of Solar Thermal Electricity for Europe, North Africa, and the Middle East, *A journal of Center for Global Development Working Paper #156*

Urpelainen, Johannes & Yoon Semee (2014) Solar Products for Poor Rural Communities as a Business: Lessons from a Successful Project in Uttar Pradesh, India, *A journal of Renewable Energy*

Vasa & Neuhoff (2012) Carbon Pricing for Low-Carbon Investment Project, *Eine Zeitschrift der Climate Policy Initiative*

Walsh, Philip R. Dr. und Ryan Walters, Ryan (2009) Distribution Channel Design Choice in Eco-markets: The Case of a Solar Thermal Solutions Provider, *Eine Zeitschrift der International Association for Energy Economics*

Weismantle Kyle (2014) Building Better Solar Energy Framework, *A journal of Renewable energy Design*

Wilson, M (2007) 'Incentives Make Solar Energy Appealing' (Anreize machen Solarenergie attraktiv), *A journal of Chain Store Age, Vol.83, #13, pp. 98-100, OmniFile Full Text Select (H.W. Wilson)*

Wiseman & Bronin (2013) Community-Scale Renewable Energy, A SAN DIEGO JOURNAL OF CLIMATE & ENERGY LAW Vol. 14 #1

Wiseman, Hannah et al (2011) Formulating a Law of Sustainable Energy: The Renewable Component, *Eine Zeitschrift der University of Tulsa Legal Studies Forschungspapier Nr. 201108*

Wood Lisa (2010) Incentives and Investments, *A journal of Electric Perspective Vol. 35 #1 pp. 6*